建设新农村农产品标准化生产丛书

大豆标准化生产技术

谢甫绨　编著

金盾出版社

内 容 提 要

本书由沈阳农业大学大豆专家谢甫绨教授编著。内容包括:大豆标准化生产的概念和意义,大豆标准化生产的品种选择,大豆标准化生产对产地环境的质量要求,大豆标准化生产的播前准备,大豆标准化生产的栽培管理技术,大豆标准化生产的病虫草害防治以及大豆收获和产品质量的标准化。本书全面诠释了大豆标准化,与实践结合紧密,将标准化具体到实际操作中的各个环节,文字通俗易懂,适合从事大豆标准化生产的广大农户、农场职工、技术人员学习使用;也可供农业院校相关专业师生阅读参考。

图书在版编目(CIP)数据

大豆标准化生产技术/谢甫绨编著.—北京:金盾出版社,2007.3
(建设新农村农产品标准化生产丛书)
ISBN 978-7-5082-4451-8

Ⅰ.大… Ⅱ.谢… Ⅲ.大豆-栽培-标准化 Ⅳ.S565.1

中国版本图书馆 CIP 数据核字(2007)第 004693 号

金盾出版社出版、总发行
北京太平路 5 号(地铁万寿路站往南)
邮政编码:100036 电话:68214039 83219215
传真:68276683 网址:www.jdcbs.cn
封面印刷:北京 2207 工厂
正文印刷:北京华正印刷有限公司
装订:北京华正印刷有限公司
各地新华书店经销
开本:787×1092 1/32 印张:4.75 字数:106 千字
2009 年 2 月第 1 版第 3 次印刷
印数:16521—26520 册 定价:6.00 元

序　言

随着改革开放的不断深入，我国的农业生产和农村经济得到了迅速发展。农产品的不断丰富，不仅保障了人民生活水平持续提高对农产品的需求，也为农产品的出口创汇创造了条件。然而，在我国农业生产的发展进程中，亦未能避开一些发达国家曾经走过的弯路，即在农产品数量持续增长的同时，农产品的质量和安全相对被忽略，使之成为制约农业生产持续发展的突出问题。因此，必须建立农产品标准化体系，并通过示范加以推广。

农产品标准化体系的建立、示范、推广和实施，是农业结构战略性调整的一项基础工作。实施农产品标准化生产，是农产品质量与安全的技术保证，是节约农业资源、减少农业资源污染的有效途径，是品牌农业和农业产业化发展的必然要求，也是农产品国际贸易和农业国际技术合作的基础。因此，也是我国农业可持续发展和农民增产增收的必由之路。

为了配合农产品标准化体系的建立和推广，促进社会主义新农村建设的健康发展，金盾出版社邀请农业生产和农业科技战线上的众多专家、学者，组编出版了《建设新农村农产品标准化生产丛书》。“丛书”技术涵盖面广，涉及粮、棉、油、肉、奶、蛋、果品、蔬菜、食用菌等农产品的标准化生产技术；内容表述深入浅出，语言通俗易懂，以便于广大农民也能阅读和使用；在编排上把农产品标准化生产与社会主义新农村建设巧妙地结合起来，以利农产品标准化生产技术在广大农村和广大农民群众中生根、开花、结果。

我相信该套“丛书”的出版发行，必将对农产品标准化生产技术的推广和社会主义新农村建设的健康发展发挥积极的指导作用。

王连铮

2006 年 9 月 25 日

注：王连铮教授是我国著名农业专家，曾任农业部常务副部长、中国农业科学院院长、中国科学技术协会副主席、中国农学会副会长、中国作物学会理事长等职。

目　　录

第一章　大豆标准化生产的概念和意义

一、大豆标准化生产的概念

标准化是社会化大生产的产物，是生产力发展的必然结果。随着科学技术的进步，专业化生产的发展，产品产量的增加和质量要求的提高，以及产销之间、社会各行业之间联系的密切，为了保证产品的质量和各种工作的质量，就必须制定和贯彻统一的、明确的标准。“标准化”定义规定，标准化的目的和结果是“取得最佳秩序的效益”。所谓“最佳秩序的效益”是指在一定范围、一定条件下，获得的最合理的结果。最佳社会效益不等于最大社会效益，仅仅是趋近于最大经济效果；主要是考虑客观实际中的各种影响因素后，放弃某些经济效果而得到的最合理的经济效果。所谓秩序是指有条理、不混乱、井然有序的状况。标准化所建立的秩序主要包括生产秩序、技术秩序、经济秩序、安全秩序和管理秩序等。所谓效益是指效果和利益。讲效益，不能只讲某一个企业、某一个单位或某一个部门的效果和利益，而且要讲全局的效果和利益。标准化能给社会带来最佳的社会效益，是因为标准化具有多方面的功能，即建立最佳秩序的功能；改善物品适用性的功能；保护安全、健康和环境的功能；获得最佳经济效果的功能；促进技术进步的功能；提高质量的功能；人类工效的功能；保护消费者利益的功能；消除贸易技术壁垒的功能；实现科学管理和高效率的功能。总之,标准化的功能是多方面的,而且彼此结合,形成了一个有机的不能割裂的功能整体。

农业标准化就是指农业新成果、新技术、新方法,以效益为目的,在种植业、林业、畜牧业、渔业和农用微生物业等产业领域内,制定为规范并使其得到系统应用的过程。大豆的农业生产技术管理离不开标准化。大豆生产过程是一个复杂的系统工程,它包括产前、产中、产后和科研、生产、流通等方面,涉及农业、粮食、外贸、生产资料等部门。为使各方面、各部门有机地联系起来,协调一致,保证生产管理有条不紊地进行,有必要发挥标准的纽带和桥梁作用。大豆生产又是一个复杂的农艺过程,种、管、收都会对最终产品产生影响。为了使这些生产环节有机地联结起来,各项技术能切实实施,也需要有标准作为依据。大豆生产标准化就是通过对大豆生产过程中的种、管、收进行标准化操作和管理,最终使大豆产品达到预期质量标准。

在大豆的标准体系中,主要有种子标准、农艺标准、产品标准。在种子标准中常用的有品种标准,区域试验标准,良种繁育生产技术规程,种子加工、包装、贮藏、运输标准,种子分级和检验标准等;在产品标准中,常用的有质量、卫生、贮运及检验方法标准等;农艺标准主要指栽培技术标准。图 1-1 为我国绿色食品标准体系框架图。

通过不同栽培技术标准生产的大豆产品,其质量标准也不同。按目前我国大豆的生产现状,可以将标准化生产的大豆产品划分为有机大豆、AA 级绿色食品大豆、A 级绿色食品大豆和无公害大豆。

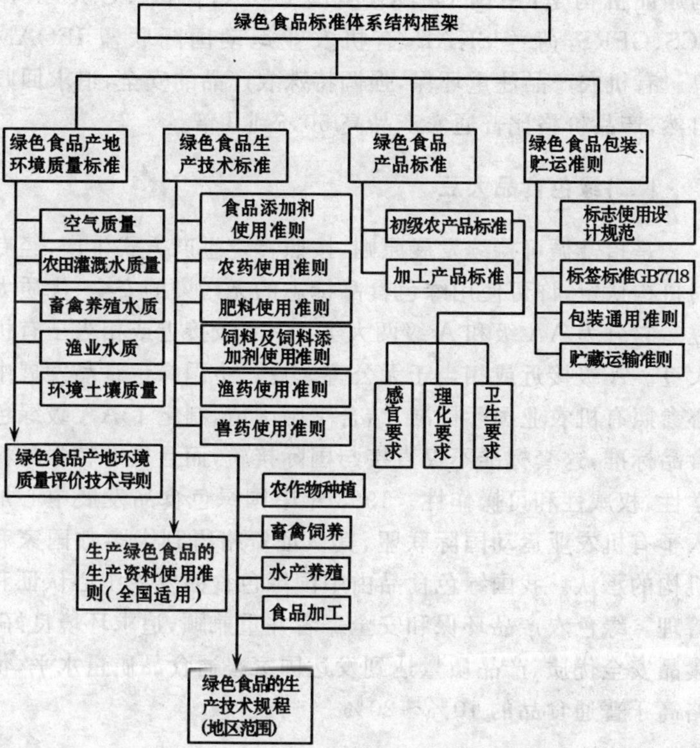

图 1-1 我国绿色食品标准体系框架图

(一)有机大豆

是指来自于有机农业生产体系，根据有机农业原则和有机农产品生产、加工标准生产出来的，经过有机农产品颁证组织颁发证书的大豆。有机农业是一种完全不用或基本不用人工合成的化肥、农药、生长调节剂和饲料添加剂的生产体系，在生产体系中也不允许使用基因工程技术。有机食品国内外的颁证机构是：中国 OFDC，美国 OCIA，德国 ECOCERT、BCS、GFRS，荷兰 SKAL，有机农业运动国际联盟 IFOAM 等。有机农产品注重环保，强调特殊农产品的安全，追求回归自然，产品价格比普通农产品高 50%到几倍。

(二)绿色食品大豆

是指遵循可持续发展原则，按照特定生产方式生产，经专门机构认定，许可使用绿色食品标志的无污染的安全、优质大豆。它分为 AA 级和 A 级两大类。AA 级接近或相当于有机大豆。A 级接近或相当于无公害大豆。中国绿色食品发展中心参照有机农业国际标准，结合中国国情，制定了 AA 级绿色食品标准，这套标准不仅直接与国际接轨，而且具有较强的科学性、权威性和可操作性。1993 年中国绿色食品发展中心加入了有机农业运动国际联盟，其认证资格得到大多数国家和机构的承认。我国绿色食品由中国绿色食品发展中心认证和管理。绿色农产品环保和安全二者并重兼顾，追求环境良好、食品安全优质，产品质量达到发达国家普通食品质量水平，价格高于普通食品的 10%～20%。

(三)无公害大豆

是指产地环境、生产过程和产品质量符合国家有关标准和规范要求，经认证合格获得认证证书，并允许使用无公害农产品标志的大豆。其生产过程允许有限度地使用化学合成物质，但其产品有毒物质含量限制在允许范围以内，产品质量相当于绿色食品大豆 A 级。生产无公害大豆属于可持续农业。无公害大豆注重安全，兼顾环保，产品质量要求达到中国普通农产品质量水平。目前，无公害农产品标准的制定、产品认证和管理归农业部及其委托的分支机构管理。本书主要针对无公害大豆生产来介绍大豆的标准化生产过程。

二、大豆标准化生产的意义

大豆起源于我国，我国曾是世界上最大的大豆生产国和出口国。20 世纪 50 年代，由于美国大力发展大豆生产，跃居世界大豆出口第一大国。随后巴西和阿根廷大豆生产发展迅速，也先后超过了我国，使得我国的大豆生产退居世界第四位。目前我国对大豆的年总需求量约为 3 000 万吨，只能生产约 1 700 万吨，致使我国从大豆出口大国变成了大豆最大进口国。为了提升我国大豆的市场竞争力，减轻我国对进口大豆的依赖，对大豆实行标准化生产就显得越来越重要，越来越迫切。

（一）实行大豆标准化生产有助于大豆产业的健康发展

随着经济的发展和社会的不断进步，一家一户式的生产经营模式已不能适应现代农业发展的需要，现代农业需要有规模并形成产业化，为此“公司＋农户”、“订单农业”等生产模式应运而生。但一家一户式的分散生产，导致同一公司的同一产品质量参差不齐，无法形成品牌优势参与市场竞争。如果在大豆产业化生产过程中，用大豆生产技术规程等标准指导农户生产，统一技术，规范生产，利用产品标准作为产品收购依据，则会有效地解决上述矛盾。可见，大豆产业的健康发展离不开标准化生产。通过标准，可以把千家万户组织起来，把千差万别的生产模式统一起来，使大豆生产实现规模化和规范化，最终达到提高产量、稳定质量、农民增收等目的。

(二)大豆生产标准化是科技进步的具体体现

随着农民科学种田意识的提高,农户对先进农业技术的渴望也越来越强烈。事实上,大豆标准化生产过程就是大豆生产新技术的推广应用过程,许多新技术在标准化生产过程中得到应用和完善。比如,为了推广大豆新品种,实现种子生产标准化,制定了良种繁育程序以及良种繁育的技术规程。在种子繁育过程中,要求农户严格按照良种繁育技术规程进行种子繁育,保证大豆新品种的种子质量,这有助于新品种的推广应用。再如,为了规范高油大豆的大田生产,提高高油大豆的栽培技术水平,保证高油大豆的产品质量,有些省份和地区制定了高油大豆生产技术规程。规范了产地环境、品种选用、整地、施基肥、种子播前处理、播种和种植密度、田间管理、病虫草害防治和收获等生产技术环节。鉴于市场和企业对大豆食品安全的需要,有些规程以绿色食品大豆为标准,规范了大豆产地环境、农药和肥料的使用种类和数量,使一些病虫害的防治新技术得以应用。

(三)大豆生产标准化有助于公平交易,保护农民的利益

由于大豆品种不同、种植地区不同、生产条件不同,生产出来的大豆产品在质量上就会优劣并存、参差不齐。制定大豆产品质量分等分级标准有助于实现优质优价,进行公平交易,保护农民的利益。如果没有大豆质量分级标准,贸易双方就容易发生纠纷。

(四)大豆生产标准化有利于促进对外贸易

近年来,我国大豆在对外贸易中,进口量远远超过出口

量，大量大豆的进口严重冲击了我国的大豆产业，同时消耗了大量外汇。通过采用国际标准化和国外先进标准，加快制定大豆产品质量安全标准、大豆产品质量分级标准、大豆产品质量检验方法标准、大豆生产技术规程及加工标准等，一方面有助于国产大豆打破国外贸易技术壁垒，增加大豆出口，增加农民收入；另一方面可以通过合理地利用世界贸易组织规则中的 TBT（贸易技术壁垒协议）和 SPS（卫生和植物卫生措施协议），有效地控制国外进口大豆对国内大豆生产的冲击。

（五）大豆生产标准化能促进对自然资源的科学合理利用，有利于保持生态平衡

科学合理地利用国家资源是我国一项重要的技术经济政策。充分利用本国、本地资源，合理和节约使用资源，符合人类、社会、资源三者可持续发展的要求。通过大豆生产标准化的实施，有利于合理利用资源，保护生态环境，保持生态平衡，促进生物多样性，提高社会、经济和生态效益，实现低投入、高产出的目的。

（六）大豆生产标准化有利于保障食品安全和人们的身体健康

农产品有了生产、加工及产品标准，在检测时就会有依据可循，也就有了防止假冒、制止滥用有毒有害物质的武器。因此，大豆生产标准化有利于保障食品安全和人们的身体健康。

三、我国大豆标准化生产的现状及对策

(一)我国大豆标准化生产现状

最近几年,尽管我国大豆标准化生产得到迅速发展,但仍然存在一些问题,具体表现如下。

1. 生产规模小,生产基地分散 几年来,我国的大豆标准化生产虽然有了比较快速的发展,但还没有形成规模化、专业化、集约化的生产基地。生产基地也比较分散,没有形成规模效益。比如,随着农村产业结构的不断调整,2001 年四川省马边彝族自治县被国家技术监督局列为无公害大豆标准化项目示范区,经过了 4 年的建设历程,才在全县建成了无公害大豆标准化项目示范区 2 667 公顷,实现了年产无公害大豆 6 000 吨的规模。

2. 大豆种植农户对大豆标准化生产认识的不足,加大了标准化生产技术的推广难度 由于农户只习惯利用化肥、农药来增产增收,致使环境恶化,资源枯竭,产品残留有毒物质,无法参与国内外市场竞争,使大豆生产陷入增产不增收的境地。

3. 消费者对标准化生产的大豆产品认识不足,也制约着大豆标准化生产的发展 消费者对标准化生产产品的认识滞后,特别是在市场发育初期出现一些典型假冒案例,严重影响了无公害大豆农产品市场的快速发展,自然也影响了无公害大豆农产品的生产。

4. 大豆标准化生产产品市场开发较晚,市场体系不健全,营销手段落后 我国虽然在无公害大豆生产上,特别是在

非转基因大豆的无公害生产上有一定优势，但在无公害大豆产品的市场开发、市场营销上却起步较晚，还没有形成健全的营销网络和市场体系。大豆标准化生产企业市场观念不强，过分依赖政府的现象比较普遍。

5. 假冒标准化农产品对大豆标准化生产信誉产生不良影响 近几年，随着人们健康意识和环保意识的提高，对无公害农产品的生产和消费需求也越来越迫切。各省、自治区、直辖市认证了一批无公害农产品，由于利益的驱动，存在认证过程弄虚作假和认证后监督不力等现象，致使无公害农产品名不副实，信誉较低，大豆产品也不例外，受到一定的影响。

6. 发展无公害农产品的环境条件、生产资料等环节不相宜 无公害大豆生产需要产地环境（土壤、大气）和生产过程（生产资料和生产技术）都必须进行标准化管理，由于我国无公害大豆生产发展较晚，总体环境污染较重，因此，不可避免地出现了与发展无公害农产品的环境条件、生产资料等环节不相适宜的局面。

（二）我国大豆标准化的生产对策

为了尽快解决国内大豆标准化生产存在的问题，建议采取如下对策。

1. 宣传和普及大豆标准化生产知识，增强无公害农产品意识 利用各种途径在全社会开展无公害农产品知识教育，不断提高全民无公害农产品意识。对农户而言，应进行大豆标准化生产知识的普及教育；对企业而言，应加强宣传，树立无公害农产品的品牌概念，逐渐引导全社会进行绿色消费。

2. 制定完善农村和农业环境管理技术标准和监测信息系统 为了保证农业可持续发展和无公害农业的健康发展，

必须强化生态意识，真正把保护和改善生态环境作为发展无公害农产品产业的一项根本性措施来抓。引导和鼓励工业企业实行清洁生产，严禁在无公害农产品生产区域建立污染型工业企业，严禁超标准排放废水、废气。依法进行对环境的监控和管理，按技术标准加强对土壤、水质、空气、生产资料的定期检查和跟踪监测。

3. 建立并完善大豆标准化生产的指导、检查、监督、管理体系，严防假冒产品 利用发布的标准和技术规程，加强大豆标准化生产的指导、检查、监督和管理，建立严格的检测系统、预警系统和跟踪系统，杜绝假冒产品，保证大豆标准化生产的健康、有序发展。

4. 依靠农业新技术，增加大豆标准化生产的科技含量 要使大豆标准化生产同现代科学技术有机结合起来，必须加强科技创新，提高大豆标准化产品的科技含量。有计划、有重点地研制一批和引进一批先进技术，为大豆标准化生产提供强有力的技术支撑和技术储备，保证大豆标准化生产的可持续发展。

第二章 大豆标准化生产的品种选择

大豆标准化生产中，良种标准化是实现高产、优质、高效的基础。良种具有两方面的含义：一是品种优良，品种适宜当地的生态条件，并通过品种审定委员会审定命名；二是种子质量优良，是由正规种子公司严格按种子繁育生产技术规程组织生产，经种子管理部门检验后，达到国家种子质量标准的优良种子。因各地区的生态条件不同而有不同的良种，只有选择了适宜当地生态条件的良种，才能充分发挥当地生态资源的优势，挖掘品种的增产潜力，在较低投入的情况下获得高产、优质，实现高效种植。在任何地区的大豆标准化生产中，品种选择都是至关重要的环节，特别是在专用型大豆（高蛋白、高油、纳豆、菜用大豆等）的标准化生产中，良种的选择对最终产品的达标将会起到决定性的作用。滥用品种一方面会增加品种抵御当地病虫害等逆境条件的风险，降低产量，增加生产成本；另一方面会使生产的产品，达不到质量标准而降等、降级，自然就达不到高效生产的目的。

一、普通大豆标准化生产品种选用

（一）品种选用的基本原则

高产型普通大豆品种在审定时必须达到大豆品种审定标准，即产量达到对照品种的 105％以上，脂肪、蛋白质总量达 58％以上，生育期与对照品种相同或提早，品种对当地主要病害具有较好的抗性。在品种通过审定后，该品种才可以在适宜地区推广应用。因此，在普通大豆标准化生产实践中，选用品种时必须选用已审定的并适宜当地生态条件的优良品种，才能实现高产、高效。具体来说，在品种选用和引种时应当考虑品种的适应性、光周期和结荚习性等。

品种的适应性是指大豆长期受到环境条件的影响，在形态结构和生理生化特性上发生改变而形成的新类型和品种。例如，大豆是短日照作物，缩短日照可加速发育，延长日照则延迟开花。由于长期分布生长在地理纬度不同的地区，形成一些对日照反应不同的类型。一般日照由南向北逐渐加长，因此，在长日照的北方形成了短日性弱的品种；而日照短的南方，形成了短日性强的品种。

一天之中白昼与黑夜的相对长度称为光周期。大豆在生长发育进程中，必须经过一定时间的光周期后才能开花；否则将一直处于营养生长状态。大豆是短日照作物，要求日照长度短于一定临界值时才能开花。在 9～18 小时范围内，日照越短越能促进生殖器官的发育。了解大豆品种对光照反应的规律性，有助于大豆引种和育种工作。将低纬度地区的短日性强的品种引到日照长的高纬度地区，由于满足不了大豆对短日照的要求，枝叶生长繁茂而花期延迟，有利于作饲料；同样将北方品种引至南方种植则会加速发育，花期提早，植株矮小，产量较低。在大豆栽培实践上，也会经常根据品种的光周期反应来确定播种期和播种密度。春播大豆因种种原因而推迟播种时，应注意到，晚播后植株生长发育加快、植株矮小的特点，适当增加种植密度，求得丰收。黑龙江省的春大豆品种引到辽宁省种植，播种期可以适当推迟，一般用作夏播，即在春小麦收获后播种。

大豆品种结荚习性不同，其适应性也不同。一般而言，亚有限结荚习性和无限结荚习性品种的适应性较强，自然条件较差、栽培水平较低的地区宜选用此类型的大豆品种。有限结荚习性的大豆生育条件要求较高，在栽培条件好的地区较适宜。

(二)不同种植区域高产优质新品种介绍

1. 东北春大豆产区标准化生产用种 (表 2-1)

东北地区是我国优质大豆的主产区，大豆种植面积较大，而且大豆科研力量较强，选育的品种也较多。因此，东北地区的农户要根据种植需要，慎重选用适合当地土壤和生态条件的良种；否则，容易带来巨大损失。值得一提的是，由于大豆品种的适应性较差，同一省份或地区也会因当地的小气候不同而选用不同的品种。比如，黑龙江省常常按积温带来划分品种的适应区域。选种时要根据品种的适应性表现来判断其优劣，当然，最好是在当地进行品种比较试验，根据试验示范结果来决选品种．以下是东北各省宜选用的良种。

黑龙江省宜选用：绥农 20 号、绥农 15 号、绥农 14 号、合丰 47 号、合丰 43 号、合丰 41 号、合丰 40 号、合丰 39 号、合丰 37 号、合丰 25 号、黑河 31 号、黑河 29 号、黑河 27 号、黑河 25 号、黑河 24 号、垦鉴豆 28 号、垦鉴豆 27 号、垦鉴豆 25 号、垦鉴豆 4 号、垦鉴豆 3 号、垦农 19 号、垦农 18 号、红丰 11 号、红丰 9 号、红丰 8 号、宝丰 7 号、东农 47 号、东农 46 号、东农 45 号、东农 44 号、黑农 48 号、黑农 45 号、黑农 43 号、黑农 41 号、黑农 37 号和黑农 35 号等。

吉林省宜选用：长农 17 号、长农 16 号、长农 15 号、长农 13 号、吉育 77 号、吉育 67 号、吉育 60 号、吉育 64 号、吉育 58

号、吉育57号、吉科豆1号、吉农12号、九农28号、九农26号、黑农38号和白农9号等。

辽宁省宜选用：辽豆16号、辽豆15号、辽豆14号、铁丰33号、铁丰31号、铁丰30号、铁丰29号、沈农8号、沈农7号、沈农6号、东豆1号、开育12号、丹豆11号和丹豆10号等。

内蒙古自治区宜选用：合丰40号、合丰25号、黑农40号、黑农35号、内豆4号、北疆1号、北丰9号、蒙豆9号、开育12号、呼北豆1号和赤豆1号等。

表2-1 东北春大豆产区标准化生产部分用种

名 称	特征特性	栽培技术要点
垦鉴豆20号	亚有限结荚习性，株高80～90厘米。尖叶，白花灰茸毛，节短。荚密，三四粒荚多。籽粒圆形，种皮黄色，脐无色，百粒重13～15克。抗大豆灰斑病。蛋白质含量39.35%，脂肪含量22.55%。生育期118天左右，为中熟品种。一般产量为3 300千克/公顷左右	播种期为5月上旬，采用"三垄"栽培模式，栽培密度为30万～33万株/公顷。采用"小双密"栽培模式，栽培密度为40万～45万株/公顷。适合黑龙江省第二、第三积温带种植
垦农19号	亚有限结荚习性，株高80～90厘米。尖叶，紫花，节短。荚密，三四粒荚多。百粒重20克左右。蛋白质含量39.04%，脂肪含量23.59%。生育期118天左右，为中熟品种。一般产量为3 300千克/公顷左右	播种期为5月上旬，采用"三垄"栽培模式，栽培密度为30万～33万株/公顷。采用"小双密"栽培模式，栽培密度为40万～45万株/公顷。适合黑龙江省第二、第三积温带种植

续表 2-1

名 称	特征特性	栽培技术要点
垦农 18 号	亚有限结荚习性，株高 80～90 厘米。节短，荚密，秆强抗倒伏，圆叶白花，灰色茸毛。籽粒黄色，有光泽，百粒重 18～20 克。蛋白质含量 36.28%，脂肪含量 23.98%，抗大豆灰斑病。生育期 115 天左右，为中早熟品种。一般产量 2 900 千克/公顷左右，最高达到 3 500 千克/公顷	播种期为 5 月上旬，采用"三垄"栽培模式，栽培密度为 30 万～33 万株/公顷。采用"小双密"栽培模式，种植密度为 40 万～45 万株/公顷。适合黑龙江省第二、第三和第四积温带种植。该品种既高产又高油，是标准化生产的优良品种
合丰 41 号	亚有限结荚习性，植株高大，秆强，节间短。结荚密，三四粒荚多，尖叶，紫花，茸毛灰白色，籽粒扁圆形，种皮黄色，淡脐，百粒重 19 克左右。蛋白质含量 38.71%，脂肪含量 21.46%。生育期 116 天，为中熟品种。中抗大豆灰斑病。产量 2 400 千克/公顷左右，最高可达 3 000 千克/公顷	适宜播种期为 5 月上中旬，适宜密度为 25 万株/公顷。适合黑龙江省第三和第四积温带种植，以及第二积温带的下限做搭配品种种植
合丰 40 号	亚有限结荚习性，植株高大，杆强，节间短。结荚密，三四粒荚多，尖叶，白花，茸毛灰白色，籽粒圆形，种皮黄色，淡脐，百粒重 19～20 克。蛋白质含量 38.84%，脂肪含量 22.07%。生育期 113 天，为早熟品种。中抗大豆灰斑病。产量 2 200 千克/公顷左右，最高可达 3 100 千克/公顷	适宜播种期为 5 月上中旬，适宜种植密度为 28 万株/公顷。适合黑龙江省第三和第四积温带种植，也适合在第二积温带的下限做搭配品种种植
东农 46 号	无限结荚习性，尖叶，白花。百粒重 20～21 克。蛋白质含量 37.98%，脂肪含量 23.32%。生育期 115 天。产量 2 800千克/公顷	适宜播种期为 5 月上中旬，适宜种植密度为 25 万株/公顷左右。适合黑龙江省第二和第三积温带种植

续表 2-1

名　称	特征特性	栽培技术要点
黑农 46 号	亚有限结荚习性，株高 75 厘米。主茎 15 节，秆强抗倒。圆叶，白花，灰色茸毛。籽粒椭圆形，种皮黄色，淡脐，百粒重 21.2 克，蛋白质含量 38.56%，脂肪含量 21.2%。生育期 123 天。一般产量 3 000 千克/公顷	适宜播种期为 5 月上中旬，保苗 27 万株/公顷。适合黑龙江省中早熟区、吉林省白山和延边中早熟区种植
黑农 45 号	无限结荚习性，株高 70～80 厘米，节间短，秆强抗倒。尖叶，白花，灰色茸毛。结荚密，三粒荚多，荚熟呈草黄色。籽粒圆形，种皮黄色、有光泽，浅棕色脐，百粒重 21 克左右。蛋白质含量 38.08%，脂肪含量 22.8%。生育期 118 天。一般产量 2 400 千克/公顷	适宜播种期为 5 月上中旬，保苗 24 万株/公顷。适合黑龙江省第二、第三积温带地区种植
黑农 44 号	亚有限结荚习性，株高 80 厘米左右，节间短，秆强抗倒。圆叶，白花。三粒荚多，荚熟呈浅褐色。籽粒椭圆形，种皮黄色、有光泽，百粒重 20～22 克。蛋白质含量 36.06%，脂肪含量 23.01%。生育期 115 天。一般产量 2 850 千克/公顷	适宜播种期为 5 月上中旬，保苗 24 万株/公顷。适合黑龙江省第二积温带较肥沃的土壤种植
黑河 27 号	亚有限结荚习性。尖叶，白花，灰毛。百粒重 22～23 克。蛋白质含量 38.90%，脂肪含量 21.23%。生育期 113 天。产量为 2 700 千克/公顷	5 月上中旬播种，栽培密度 30 万株/公顷左右。适宜黑龙江省第四积温带种植
吉育 80 号	亚有限结荚习性，株高 85 厘米左右。主茎型，分枝少。圆形叶，紫花，灰色茸毛。荚熟时呈灰褐色。粒圆形，种皮黄色、有光泽，脐黄色，百粒重 18 克左右。蛋白质含量 40.08%，脂肪含量 21.24%。生育期 126 天，平均产量 2 474千克/公顷	5 月上中旬播种，保苗在 20 万～22 万株/公顷。适于吉林省西部白城、松源等中早熟区域种植

续表 2-1

名　称	特征特性	栽培技术要点
吉育 58 号	亚有限结荚习性，株高 80～90 厘米。秆强，抗倒。尖叶紫花，灰色茸毛。百粒重 18～20 克。蛋白质含量 37.9%，脂肪含量 22.4%。生育期 112～115 天。属早熟品种。一般产量 2 558 千克/公顷	播种期为 5 月上旬，一般薄地保苗 25 万株/公顷，肥地 20 万株/公顷。适合吉林省吉林、延边、通化、白山早熟区
长农 16 号	亚有限结荚习性，株高 85～95 厘米。圆叶，白花。百粒重 21 克。蛋白质含量 38.54%，脂肪含量 23.44%。生育期 126 天。一般产量 3 270 千克/公顷	播种期为 4 月末至 5 月初，一般保苗 20 万株/公顷。适合吉林省长春、四平、辽源中晚熟地区种植。该品种高产优质，是吉林省未来标准化生产的更替良种
长农 13 号	亚有限结荚习性，株高 95～105 厘米。圆叶，紫花，灰色茸毛。百粒重 18～20 克，蛋白质含量 39.26%，脂肪含量 22.31%。生育期 130 天。一般产量 2 790 千克/公顷	播种期为 4 月末至 5 月初，一般保苗 20 万株/公顷。适合吉林省长春、四平、辽源中晚熟地区种植。该品种高产优质，适应性好，是吉林省标准化生产的良种
辽豆 21 号	亚有限结荚习性，株高 87.6 厘米。圆叶，紫花，籽粒椭圆形，种皮黄色，黄脐，百粒重 19.5 克。蛋白质含量 40.82%，脂肪含量 21.54%。生育期 128 天。一般产量 2 990 千克/公顷	在肥地保苗 15 万～16.5 万株/公顷，中等肥力地块保苗 16.5 万～18 万株/公顷，薄地保苗 1.2 万～1.3 万株/公顷。适宜在辽宁省丹东、锦州、沈阳地区春播种植
辽豆 16 号	亚有限结荚习性，株高 97.3 厘米。椭圆叶，紫花，灰毛。籽粒圆形，种皮黄色、有光泽，黄脐，百粒重 22.9 克。蛋白质含量 46.28%，脂肪含量 19.30%。生育期 127 天。一般产量 2 600 千克/公顷	播种期为 4 月末至 5 月初，保苗 16.5 万～19.5 万株/公顷。适合辽宁省各地种植。该品种高产优质，适应性好，是辽宁省标准化生产的良种

续表 2-1

名　称	特 征 特 性	栽培技术要点
辽豆 14 号	亚有限结荚习性，株高 90 厘米。小椭圆叶，灰毛，白花。籽粒黑脐，百粒重 16～18 克。蛋白质含量 37.48%，脂肪含量 22.04%。生育期 131 天。一般产量 3 375～3 750 千克/公顷	播种期为 4 月末至 5 月初，保苗 19.5 万～22.5 万株/公顷。适合辽宁省中部、南部和西部地区种植
铁丰 33 号	亚有限结荚习性，株高 86.2 厘米。圆叶，紫花。籽粒椭圆形，黄皮，黄脐，百粒重 22.5 克。粗蛋白质含量 41.95%，粗脂肪含量 21.15%。生育期 131 天。一般产量 2 865～3 160 千克/公顷	4 月中旬至 5 月上旬播种为宜，保苗 15 万～19.5 万株/公顷。适宜在辽宁省中部和西部地区春播种植。该品种高产优质，适应性好，是辽宁省标准化生产的良种
铁丰 31 号	亚有限结荚习性，株高 82.6 厘米。小椭圆叶，棕毛，紫花，成熟荚褐色。椭圆粒，种皮黄色、有光泽，黑脐，百粒重 18～20 克。蛋白质含量 42.41%，籽粒脂肪含量 21.3%。生育期 135 天。一般产量 3 375 千克/公顷	适宜播种期为 4 月末至 5 月初，保苗 16.5 万～19.5 万株/公顷。适合辽宁省中部、南部和西部地区种植。该品种高产优质，适应性好，是辽宁省高油大豆标准化生产的良种
蒙豆 14 号	亚有限结荚习性，株高 80 厘米，节间短。尖叶，白花，灰色茸毛，荚黄色。籽粒圆形，种皮黄色，淡脐，百粒重 19 克左右。蛋白质含量 38.41%，脂肪含量 22.23%。生育期 114 天。一般产量为 2 250 千克/公顷	播种期以 5 月上中旬为宜，保苗 26 万～30 万株/公顷。适合内蒙古自治区呼伦贝尔市、兴安盟、通辽市和赤峰地区春播种植

续表 2-1

名　称	特征特性	栽培技术要点
蒙豆 12 号	亚有限结荚习性，株高 80 厘米，无分枝。尖叶，紫花。成熟荚深褐色，三四粒荚比例大。籽粒圆形，种皮黄色、有光泽，淡脐，百粒重 20 克左右。蛋白质含量 38.58%，脂肪含量 22.88%。生育期 113 天。一般产量为 2 350 千克/公顷	播种期以 5 月上中旬为宜，保苗 26 万～30 万株/公顷。适合内蒙古呼伦贝尔市、兴安盟、通辽市和赤峰地区春播种植。该品种高产优质，适应性好，是内蒙古自治区标准化生产的良种
蒙豆 9 号	亚有限结荚习性，株高 70 厘米。尖叶，紫花。成熟荚深褐色，三四粒荚比例大。籽粒圆形，种皮黄色、有光泽，淡脐，百粒重 20 克左右，蛋白质含量 38.06%，脂肪含量 23.09%。生育期 103 天。一般产量为 2 250 千克/公顷	播种期以 5 月上中旬为宜，保苗 30 万株/公顷。适合内蒙古呼伦贝尔市、兴安盟、通辽市和赤峰地区春播种植
赤豆 1 号	亚有限结荚习性，株高 130 厘米左右。尖叶，紫花、茸毛灰色。荚熟时呈浅褐色，土茎结荚较密，三四粒荚较多。籽粒圆形，种皮黄色有光泽，脐黄色，百粒重 22 克左右。蛋白质含量 39.42%，粗脂肪含量 22.81%。生育期 120 天。一般产量为 2 250 千克/公顷	播种期以 5 月上中旬为宜，保苗 15 万～18 万株/公顷，适于内蒙古自治区东部中高水肥条件且≥10℃有效积温在 2 700℃以上的地区种植

2. 黄淮海夏大豆产区标准化生产用种　（表 2-2）

黄淮海地区是我国夏大豆的主产区，适宜该区种植的品种，一般生育期比较短，有当地科研单位选育的品种，也有引进品种。由于该地区多实行一年两熟或两年三熟制，适宜的大豆生育期在轮作倒茬中的作用十分重要，因此，该地区大豆标准化生产时，要充分兼顾品种生育期、产量潜力和品质三要素。各地宜选用的品种如下。

河北省宜选用：冀豆13号、冀豆12号、冀豆7号、冀豆4号、科丰6号、铁丰29号、五星1号、沧豆5号、冀黄13号和邯豆4号等。

山东省宜选用：鲁豆12号、鲁豆11号、鲁豆10号、鲁豆9号、菏豆12号、菏84-5、鲁宁1号、冀豆12号、科丰6号、齐黄28号和中黄24号等。

河南省宜选用：豫豆26号、豫豆25号、豫豆22号、豫豆19号、周豆11号、许豆3号、诱变30号和中豆19号等。

安徽省宜选用：豫豆22号、皖豆24号、皖豆15号、皖豆14号、徐豆9号、中黄13号、中豆20号、中豆13号、诱变30号和辽鲜1号等。

表2-2　黄淮海夏大豆产区标准化生产部分用种

名　称	特征特性	栽培技术要点
中黄24号	亚有限结荚习性，株高94厘米，抗倒性强。紫花，棕毛，长叶，落叶性好，不裂荚。种皮黄色、微光。椭圆粒，褐脐，籽粒整齐，商品性好。百粒重20克左右。中抗大豆胞囊线虫4号生理小种，对大豆花叶病毒病和大豆食心虫有较强的抗性，抗旱性为中高抗。蛋白质含量为38.61%，脂肪含量为22.48%。生育期125天左右。一般产量为2 753～3 315千克/公顷	播期为6月上中旬，保苗18万～20万株/公顷。适宜山东省东南部、河北省南部、河南省中部和北部、山西省南部、陕西省中部及南部等地区种植。该品种高产优质，适应性好，是黄淮海地区标准化生产的良种

续表 2-2

名　称	特征特性	栽培技术要点
冀高油 58	亚有限结荚习性，株高 86.1 厘米左右。白花，棕毛，尖叶。黄种皮，圆粒，褐脐，百粒重 16～18 克。蛋白质含量 35.77%，脂肪含量 23.63%。生育期 109 天左右。一般产量为 3 270 千克/公顷	播期为 6 月上中旬。保苗 18 万～22.5 万株/公顷。适宜在河南省中北部、山东省中部、陕西省关中地区、山西省南部等地区夏播种植。该品种高产优质，适应性好，是黄淮海地区标准化生产的良种
冀黄 13 号	亚有限结荚习性，株高 103 厘米。尖叶，白花，棕毛。种皮黄色，圆粒，褐脐，百粒重 19.9 克左右。蛋白质含量为 39.75%，脂肪含量为 24.10%。生育期 139 天左右。一般产量为 3 240 千克/公顷	播期为 6 月上中旬，夏播保苗 22.5 万～27 万株/公顷。冀黄 13 号不仅在冀中南和黄淮海夏播区表现出高产与适应性，而且在京津地区及辽宁省南部和西北地区也表现出广泛的适应性
邯豆 5 号	有限结荚习性，株高 91.47 厘米，株型收敛，有效分枝 1.25 个。椭圆叶，紫花，棕毛。籽粒椭圆、具微光泽，百粒重 22.53 克。蛋白质含量 39.74%，脂肪含量 22.55%。平均生育期 109 天。一般产量为 2 787 千克/公顷	在 6 月 25 日以前播种为宜；保苗 18 万～27 万株/公顷。适宜在河北省南部、河南省中部和北部、山西省南部地区夏播种植
周豆 12 号	有限结荚习性，株高 75 厘米左右。分枝 2～3 个，主茎 15 节左右。椭圆叶，紫花，灰色茸毛。籽粒黄色、近圆形，褐色脐，百粒重 23.2 克。蛋白质含量 40.39%，脂肪含量 22.81%。生育期 105 天。一般产量为 3 000 千克/公顷	播期为 6 月上中旬，保苗 18 万～25 万株/公顷。适宜于河南省各地及安徽、江苏两省的淮河以北地区种植

续表 2-2

名　称	特征特性	栽培技术要点
齐黄 31 号	有限结荚习性，株高 741 厘米，有效分枝 2.2 个，卵圆叶，白花，棕毛。椭圆粒，种皮黄色，浅褐脐，百粒重 17.7 克。蛋白质含量 39.44%，脂肪含量 22.12%。平均生育期 108 天。一般产量为 2 679 千克/公顷	播期为 6 月上中旬，适宜种植密度为 22.5 万～25.5 万株/公顷。适宜在山东省中南部、河南省北部、河北省南部、山西省南部及陕西省关中平原种植
齐黄 30 号	有限结荚习性，株高 74.4 厘米，有效分枝 2.4 个。卵圆叶，白花，棕毛，椭圆粒，种皮黄色，褐脐，百粒重 16.6 克。蛋白质含量 42.18%。脂肪含量 22.36%。平均生育期 106 天，一般产量为 2 625 千克/公顷	播期为 6 月上中旬，适宜种植密度为 22.5 万～27 万株/公顷。适宜在山东省中部、河北省南部、河南省中部和北部、山西省南部以及陕西省关中平原地区夏播种植
齐黄 28 号	有限结荚习性，株高 70～85 厘米，抗倒伏。白花，棕毛，卵圆叶。种皮黄色，椭圆粒，褐脐，百粒重 18～20 克。蛋白质含量为 40.1%，脂肪含量达 22.3%。生育期 102 天左右。一般产量为 2 600 千克/公顷	播期为 6 月上中旬，保苗 19.5 万～22.5 万株/公顷。适宜在山东省北部、中部、中南部，河北省南部，河南省北部地区夏播种植
皖豆 21 号	有限结荚习性，株高 80～90 厘米。叶片椭圆形，白花。棕茸毛，多花，多荚，成熟时荚色棕黄。籽粒圆形、黄色，脐色深褐，百粒重 20.7 克。蛋白质含量 44.00%，脂肪含量 21.66%。生育期 102 天左右。单产幅度 2 400～3 225 千克/公顷，最高可达 3 497 千克/公顷	播期为 6 月上中旬，最佳种植密度为 22.5 万株/公顷。适于在河南省南部和东部地区，安徽省阜阳、宿县和淮南地区，江苏省徐州和淮阴地区及山东省西南部等黄淮大部分地区作为早中熟夏大豆种植

3. 长江流域大豆产区标准化生产用种 （表 2-3）

长江流域大豆产区是我国特色大豆产区，该地区是我国菜用大豆主产区。由于当地生态条件有利于蛋白质积累，因此，普通大豆的蛋白质含量较高，主要用于制作豆腐。该地区大豆标准化生产选择良种时，重点要选择蛋白质含量高，产量也高的品种；同时也要考虑品种的生育期，以满足当地相对复杂的种植制度需要。

江苏省宜选用：徐豆 10 号、徐豆 9 号、皖豆 15 号、淮豆 4 号、洪引 1 号和乌皮青仁等。

浙江省宜选用：浙春 3 号、台湾 75 号、矮脚毛豆、五月拔和八月拔等。

湖北省宜选用：鄂豆 7 号、鄂豆 6 号、鄂豆 5 号、鄂豆 4 号、中豆 32 号、中豆 30 号和中豆 29 号等。

湖南省宜选用：鄂豆 4 号、矮脚早、湘春豆 19 号、湘春豆 18 号、湘春豆 17 号、湘春豆 15 号、湘春豆 14 号、湘春豆 13 号、湘春豆 12 号、湘秋豆 15 号、湘秋豆 14 号、湘秋豆 10 号、湘秋豆 3 号和六月黄等。

江西省宜选用：矮脚早、赣豆 4 号、赣豆 2 号、南京早大豆和浙春 2 号等。

四川省宜选用：西豆 3 号、渝豆 1 号和浙春 3 号等。

表 2-3 长江流域大豆产区标准化生产部分用种

名 称	特 征 特 性	栽培技术要点
中豆 32 号	有限结荚习性，株高 59.3 厘米。白花，灰毛，成熟荚深褐色，不裂荚。种皮黄色，籽粒外观较好，百粒重 19.9 克。蛋白质含量为 42.02%，脂肪含量达 22.69%。生育期 112 天左右。一般产量为 2 625 千克/公顷	长江流域春播 3 月中下旬，春播保苗 6 万～15 万株/公顷。适宜在湖北省江汉平原及以东地区种植，可与其他作物间作种植

续表 2-3

名　称	特征特性	栽培技术要点
湘春豆 19 号	有限结荚习性，株高 62.7 厘米。白花，灰毛，椭圆叶，成熟荚浅褐色。籽粒椭圆形，种皮黄色，褐脐，百粒重 20 克。蛋白质含量为 40.95%，脂肪含量达 21.75%。生育期 85～109 天。一般产量为 2 400 千克/公顷	长江流域春播 3 月中下旬，保苗 42 万～48 万株/公顷，适宜在湖南等省份的红黄壤地区春播种植
湘春豆 18 号	有限结荚习性，株高 65.8 厘米。白花，灰毛，椭圆叶，成熟荚浅褐色。种皮黄色，褐脐，百粒重 20 克。蛋白质含量为 43.17%，脂肪含量达 22.84%。生育期 100 天左右。一般产量为 2 430 千克/公顷	长江流域春播 3 月中下旬，在中等肥力或中等以上肥力的稻田、旱土单作保苗 37 万～45 万株/公顷，土壤瘠薄的丘陵旱土单作保苗 45 万～52.5 万株/公顷，适宜在湖南省春播种植
徐豆 9 号	有限结荚习性，株高 70 厘米左右。叶卵圆形、较大，白花，灰毛，荚黄白色。籽粒椭圆形，种脐褐色，百粒重 23～24 克。蛋白质含量 46.32%，脂肪含量 18.00%。生育期 96 天左右。产量为 2 667 千克/公顷	播期为 6 月上中旬，油菜茬、大蒜茬、马铃薯茬可在 5 月下旬播种。密度为 18 万～21 万株/公顷。适于苏、皖淮北地区及山东省南部、河南省、陕西中南部等一年两熟制地区夏播种植
徐豆 10 号	亚有限结荚习性，株高 90 厘米左右。叶卵圆形，白花，棕毛，荚草黄色。籽粒椭圆形，种脐浅黑色，百粒重 23 克左右。蛋白质含量 43.72%，脂肪含量 19.68%。生育期 104 天左右。产量为 2 691 千克/公顷	播期为 6 月上中旬，密度为 15 万～18 万株/公顷。适于苏、皖淮北地区及山东省南部、河南省等地区夏播种植

续表 2-3

名　称	特征特性	栽培技术要点
徐豆 11 号	亚有限结荚习性，株高 90 厘米左右。叶卵圆形，白花，棕毛，荚褐色。籽粒椭圆形，种脐浅黑色，百粒重 22 克左右。蛋白质含量 39.4%，脂肪含量 22.7%。生育期 104 天左右。产量为 3 040 千克/公顷	播期为 6 月上中旬，一般密度为 18 万株/公顷。适于苏、皖淮北地区及山东省南部、河南省等地区夏播种植
徐豆 12 号	亚有限结荚习性，株高 90 厘米左右。叶卵圆形，紫花，棕毛，荚草黄色，籽粒椭圆形，种脐褐色，百粒重 22 克左右。蛋白质含量 41.36%，脂肪含量 21.86%。生育期 100 天左右。产量为 2 624 千克/公顷	播期为 6 月上中旬，一般密度为 18 万株/公顷。适于苏、皖淮北地区、山东省南部、河南省等地区夏播种植
徐豆 13 号	亚有限结荚习性，株高 85 厘米左右。叶卵圆形，白花，棕毛，荚棕黄色。籽粒扁椭圆形，种脐褐色，百粒重 21.5 克左右。蛋白质含量 40.00%，脂肪含量 21.30%。生育期 102 天左右。产量为 2 682 千克/公顷	播期为 6 月上中旬，一般密度为 18 万株/公顷。适于苏、皖淮北、山东省南部、河南省等地区夏播种植
淮豆 6 号	有限结荚习性，株高 70 厘米左右。叶卵圆形。紫花，灰毛，荚草黄色。籽粒椭圆形，种脐浅褐色，百粒重 22 克左右。蛋白质含量 41.9%，脂肪含量 21.2%。生育期 105 天左右。产量为 2 373 千克/公顷	播期为 6 月上中旬，一般密度为 18 万～21 万株/公顷。适于江苏省、安徽省和河南省的淮河流域地区种植
泗豆 13 号	亚有限结荚习性，株高 87.5 厘米。叶卵圆形。紫花，棕毛，荚棕黄色。籽粒扁椭圆形，种皮黑色，子叶黄色，百粒重 21.0 克左右。蛋白质含量 39.3%，脂肪含量 18.3%。生育期 106 天左右。产量为 2 709 千克/公顷	播期为 6 月中下旬，一般密度为 18 万～24 万株/公顷。适于江苏省淮北地区夏播种植

续表 2-3

名　称	特征特性	栽培技术要点
东辛 2 号	亚有限结荚习性，株高 90 厘米左右。叶卵圆形，紫花，棕毛，荚淡褐色。籽粒椭圆形，种脐浅黑色，百粒重 24 克左右。蛋白质含量 41.7%，脂肪含量 20.8%。生育期 106 天左右。产量为 3 019 千克/公顷	播期为 6 月上中旬，一般密度为 15～18 万株/公顷。适于江苏省、安徽省的淮北地区麦收后夏播种植
南农 88-31	亚有限结荚习性，株高 110 厘米左右。叶椭圆形，紫花，棕毛。籽粒圆形，种脐褐色，百粒重 20 克左右。蛋白质含量 41.0%，脂肪含量 21.7%。生育期 118 天左右。产量为 2 421 千克/公顷	播期为 6 月上中旬，一般密度为 18 万株/公顷。适于江苏省、安徽省淮河以南地区及上海市崇明岛作为夏播种植
南豆 5 号	有限结荚习性，株高 50 厘米左右。披针形叶，白花，棕毛，籽粒椭圆形。种脐褐色，百粒重 22.4 克左右。蛋白质含量 46.18%，脂肪含量 18.71%。生育期 109 天。产量为 2 190 千克/公顷	长江流域春播 3 月中下旬，夏播 5 月中下旬，秋播 7 月上旬至下旬。春、夏季保苗 22.5 万～25.5 万株/公顷。适宜在四川盆地、湖南省北部、江西省中部及北部、安徽省南部、江苏省南部及湖北省江汉平原春播种植
川豆 6 号	有限结荚习性，株高 47 厘米左右。椭圆形叶，紫花，棕毛。籽粒椭圆形，种脐浅黄色，百粒重 22 克左右。蛋白质含量 45.7%，脂肪含量 17.4%。生育期 100 天左右。产量为 2 000 千克/公顷左右	春播时，以 3 月下旬至 4 月上旬播种为宜；秋播时以 8 月中旬播种为宜。春播保苗 15 万株/公顷，秋播保苗 37.5 万株/公顷。适于四川省海拔 1 500 米以下地区种植。可作田坎豆，旱地净作或与早春旱地作物间作，也可在林、果、桑地间套作

4. 西北大豆产区标准化生产用种 （表 2-4）

西北大豆产区由于降水少，土壤干旱而瘠薄，因此，该地区大豆标准化生产选择品种时，重点要考虑品种的耐旱性和耐瘠能力。新疆地区由于有较好的灌溉条件，重点应考虑品种的产量潜力和耐肥抗倒能力，以充分发挥当地的热量资源优势，实现超高产。

山西省宜选用：晋豆 29 号、晋豆 25 号、晋豆 24 号、晋豆 23 号、晋豆 21 号和梗 84 等。

陕西省宜选用：晋豆 19 号、连架条、秦豆 10 号、秦豆 8 号、秦豆 3 号、吉豆 20 号、冀豆 4 号和豫豆 2 号等。

新疆维吾尔自治区宜选用：阿豆 1 号、新大豆 3 号、新大豆 2 号、新大豆 1 号、石大豆 2 号、黑农 39 号和黑农 33 号等。

表 2-4 西北大豆产区标准化生产部分用种

名 称	特 征 特 性	栽培技术要点
晋豆 29 号	无限结荚习性，株高 80 厘米，抗倒伏。紫花，棕毛，椭圆叶。种皮黄色，圆粒，淡褐脐，百粒重 17.5～20.0 克。蛋白质含量为 38.19%，脂肪含量达 22.26%。生育期 138 天左右。一般产量为 2 550 千克/公顷	春播 4 月下旬至 5 月上旬，夏播 6 月上中旬。春播保苗 12 万株/公顷，夏播保苗 20 万株/公顷。适宜山西省中部及黄土高原同类地区春播；河北省南部、河南省北部和中部、山西省南部及陕西省关中平原等地区夏播种植
晋豆 28 号	无限结荚习性，株高 90～110 厘米，抗倒伏。白花，浅棕毛。上部长叶，中、下部叶片椭圆形、大小适中。种皮黄色，籽粒扁椭圆形，黑脐，百粒重 17～19 克。蛋白质含量为 37.94%，脂肪含量达 21.11%。春播生育期 125～135 天，夏播生育期 80～95 天。一般产量为 2 418 千克/公顷	春播 4 月下旬至 5 月上旬，夏播 6 月上中旬。春播保苗 15 万～18 万株/公顷，夏播保苗 18 万～21 万株/公顷。适宜山西省太原、晋中、忻州、吕梁、阳泉、长治、晋城等地区春播，临汾、运城地区适宜夏播

续表 2-4

名　称	特征特性	栽培技术要点
晋豆 25 号	无限结荚习性，株高 50～85 厘米。紫花，棕毛，圆叶。种皮黄色，圆粒，种脐黑色。百粒重 18～24 克。蛋白质含量为 41.5%，脂肪含量达 21.84%。生育期 110～115 天。一般产量为 2 165 千克/公顷	春播宜于 5 月上旬播种，夏播应于 7 月 1 日前完成播种。春播种植密度 27 万株/公顷，夏播为 37.5 万～45 万株/公顷。适宜山西省北部地区春播、中部地区麦茬夏播
晋豆 24 号	亚有限结荚习性，株高 80 厘米。紫花，棕毛，披针形叶。种皮黄色，圆粒，淡脐。百粒重 22 克左右。蛋白质含量为 39.54%，脂肪含量为 19.96%。生育期 110～115 天。一般产量为 2 100 千克/公顷	春播 4 月下旬至 5 月上旬，夏播 6 月上中旬。春播保苗 22.5 万株/公顷，夏播保苗 22.5 万～30 万株/公顷。适宜山西省中部地区春播，南部地区夏播
秦豆 10 号	亚有限结荚习性，株高 100 厘米。白花，棕毛，圆叶。种皮黄色，圆粒，褐脐。百粒重 19 克左右。蛋白质含量为 38.86%，脂肪含量为 21.18%。生育期 110 天左右。一般产量为 3 000 千克/公顷	该品种适宜夏播，5 月 20 日至 6 月 15 日播种为宜，保苗 24 万～36 万株/公顷。适宜河南省中部、山西省南部及陕西省关中平原地区种植
新大豆 3 号	亚有限结荚习性，株高 90 厘米左右。分枝 1～2 个，主茎节数 17～18 节。尖叶，白花，灰毛。上下结荚均匀，荚熟时呈灰褐色，三四粒荚多。籽粒圆形，种皮黄色，脐黄色。百粒重 21～22 克。蛋白质含量 38.41%，脂肪含量 22.41%。春播生育期 120 天，一般产量为 4 242 千克/公顷	当 5 厘米地温稳定通过 8℃～10℃时开始播种。中上等肥力地块保苗 33 万株/公顷；土地瘠薄可保苗 40 万株/公顷。适宜新疆地区乌伊公路沿线的冷凉近山区，昌吉州的东三县，伊犁地区的伊宁市以东，塔城地区的额敏县，博乐周边，南疆、静县和焉耆县，阿克苏地区的乌什县、拜城县等地区春播，也适合南疆三地州麦收后复种

二、专用型大豆标准化生产的品种选择

(一)高油大豆选种原则和新品种简介

高油大豆品种在审定时必须达到大豆品种审定标准，即产量达到对照品种的95%以上，脂肪含量21.50%以上，且蛋白质含量不低于37.50%，生育期与对照品种相同或提早，品种对当地主要病害具有较好的抗性。在品种通过审定后，该品种才可以在适宜地区推广应用。

高油大豆选种的原则为：品种产量潜力高、适应性强且丰产性好；品种脂肪含量必须达到21.5%以上；品种成熟期适宜，确保霜前充分成熟。

最近几年，国家大力倡导发展高油大豆，经过大豆育种家的努力，全国各地育成了许多高油高产大豆新品种，并在实践中逐渐得到应用，取得了可观的经济和社会效益。表2-5为各地育成的部分高油大豆品种简介。

表2-5 高油大豆标准化生产部分用种

名称	特征特性	栽培技术要点
垦鉴豆20号	亚有限结荚习性，株高80～90厘米。尖叶，白花，灰茸毛。籽粒圆形，种皮黄色，脐无色，百粒重13～15克。蛋白质含量39.35%，脂肪含量22.55%。生育期118天左右。一般平均产量为3 300千克/公顷左右	适宜播种期为5月上旬。采用"三垄"栽培模式，栽培密度为30万～33万株/公顷；采用"小双密"栽培模式，栽培密度为40万～45万株/公顷。适宜黑龙江省第二、第三积温带种植

续表 2-5

名称	特征特性	栽培技术要点
垦农 19 号	亚有限结荚习性，株高 80～90 厘米。尖叶，紫花，百粒重 20 克左右。蛋白质含量 39.04%，脂肪含量 23.59%。生育期 118 天左右。一般平均产量为 3 300千克/公顷左右	适宜播种期为 5 月上旬，采用“三垄”栽培模式，栽培密度为 30 万～33 万株/公顷；采用“小双密”栽培模式，栽培密度为 40 万～45 万株/公顷。适宜黑龙江省第二、第三积温带种植
垦农 18 号	亚有限结荚习性，株高 80～90 厘米，秆强抗倒伏。圆叶，白花，灰色茸毛。籽粒黄色、有光泽，百粒重 18～20 克。蛋白质含量 36.28%，脂肪含量 23.98%。生育期 115 天左右。一般产量 2 900 千克/公顷左右	适宜播种期为 5 月上旬，采用“三垄”栽培模式，栽培密度为 30 万～33 万株/公顷；采用“小双密”栽培模式，种植密度为 40 万～45 万株/公顷。适宜黑龙江省第二、第三和第四积温带种植
合丰 40 号	亚有限结荚习性，植株 90 厘米左右，秆强。节间短，结荚密，三四粒荚多。尖叶，白花，茸毛灰白色。籽粒圆形，种皮黄色，淡脐，百粒重 19～20 克。蛋白质含量 38.84%，脂肪含量 22.07%。生育期 113 天。产量 2 200 千克/公顷左右	适宜种植密度为 28 万株/公顷。适宜播种期为 5 月上中旬。适合黑龙江省第三、第四积温带种植，还可在第二积温带的下限作搭配品种种植
东农 46 号	无限结荚习性，株高 80～90 厘米。尖叶，白花，灰毛，荚成熟时为黄褐色。籽粒圆形、黄色、有光泽，百粒重 20～21 克。蛋白质含量 37.98%，脂肪含量 23.32%。生育期 115 天。产量 2 800 千克/公顷	一般保苗 22 万株/公顷为宜，适合黑龙江省第二、第三积温带种植

续表 2-5

名　称	特征特性	栽培技术要点或适应性
黑农 45 号	无限结荚习性，株高 70～80 厘米，秆强抗倒。节间短，尖叶，白花，灰色茸毛。结荚密，三粒荚多，荚熟呈草黄色。籽粒圆形，种皮黄色、有光泽，浅棕色脐，百粒重 21 克左右。蛋白质含量 38.08%，脂肪含量 22.8%。生育期 118 天。一般产量 2 400 千克/公顷	一般保苗 24 万株/公顷，适合黑龙江省第二、第三积温带种植
黑农 44 号	亚有限结荚习性，株高 80 厘米左右，秆强抗倒。主茎 16 节，节间短。圆叶，白花。三粒荚多，荚熟呈浅褐色。籽粒椭圆形，种皮黄色、有光泽，籽粒外观优良，百粒重 20～22 克。蛋白质含量 36.06%，脂肪含量 23.01%。生育期 115 天。一般产量 2 850 千克/公顷	5 月初播种，保苗 24 万株/公顷，适合黑龙江省第二积温带较肥沃的土壤种植
黑农 37 号	亚有限结荚习性，株高 80～90 厘米，秆强抗倒。节间短，结荚密，圆叶，白花，灰色茸毛。籽粒圆形，种皮黄色、有光泽，淡脐，百粒重 20 克。蛋白质含量 38.04%，脂肪含量 21.56%。生育期 125 天。一般产量 2 400 千克/公顷	播种期为 4 月下旬至 5 月上旬，保苗 20 万株/公顷。适合黑龙江省第一积温带、第二积温带上限及吉林省、辽宁省、新疆维吾尔自治区、内蒙古自治区等部分地区种植
绥农 14 号	亚有限结荚习性，秆强抗倒。尖叶，紫花，百粒重 21～22 克，喜肥水。蛋白质含量 38.34%，脂肪含量 22.36%。生育期 120 天左右。一般产量 2400 千克/公顷	播种期为 4 月下旬至 5 月上旬，保苗 24 万～27 万株/公顷。适合黑龙江省第一、二积温带土壤肥沃地区、吉林省延边和白山地区、新疆维吾尔自治区昌吉和石河子及其周边地区春播种植

续表 2-5

名　称	特征特性	栽培技术要点
吉育 58 号	亚有限结荚习性，株高 80～90 厘米，秆强抗倒。尖叶，紫花，灰色茸毛，百粒重 18～20 克。蛋白质含量 37.9%，脂肪含量 22.4%。生育期 112～115 天。一般产量2 558千克/公顷	适宜播种期为 5 月上旬，一般薄地保苗 25 万株/公顷，肥地 20 万株/公顷。适合吉林省吉林、延边、通化、白山早熟区种植
吉育 57 号	亚有限结荚习性，株高 95 厘米，秆强抗倒，尖叶，紫花，灰色茸毛，百粒重 22 克。蛋白质含量 39.15%，脂肪含量 22.14%。生育期 122 天。一般产量 2 528 千克/公顷	适宜播种期为 5 月上旬，一般保苗 25 万株左右。适合吉林省白城、松原中早熟区种植
吉林 48 号	亚有限结荚习性，株高 100 厘米。圆叶，紫花，灰色茸毛，百粒重 18 克。蛋白质含量 39.86%，脂肪含量 22.25%。生育期 120 天左右。一般产量 2 400 千克/公顷	适宜播种期为 5 月上旬，一般保苗 22 万～25 万株/公顷。适合吉林省延边、通化、白山地区种植
吉林 47 号	亚有限结荚习性，株高 90 厘米。圆叶，白花，灰色茸毛，百粒重 20 克。蛋白质含量 39.48%，脂肪含量 21.57%。生育期 116 天左右。一般产量 2 250 千克/公顷	适宜播种期为 5 月上旬，一般保苗 20 万～25 万株/公顷。适合吉林省延边、白山中早熟区种植
吉科豆 1 号	无限结荚习性，株高 70～90 厘米。尖叶，紫花，灰色茸毛，百粒重 22～24 克。蛋白质含量 39.0%，脂肪含量 22.0%。生育期 118～122 天。一般产量 3 637 千克/公顷	适宜播种期为 5 月上旬，一般保苗 30 万株/公顷。适合吉林省长春北部、松原地区种植
长农 16 号	亚有限结荚习性，株高 85～95 厘米。圆叶，白花，百粒重 21 克。蛋白质含量 38.54%，脂肪含量 23.44%。生育期 126 天。一般产量 3 270 千克/公顷	适宜播种期为 4 月末至 5 月初，一般保苗 20 万株/公顷。适合吉林省长春、四平、辽源中晚熟地区种植

续表 2-5

名　称	特 征 特 性	栽培技术要点
长农 13 号	亚有限结荚习性，株高 95～105 厘米。圆叶，紫花，灰色茸毛。百粒重 18～20 克。蛋白质含量 39.26%，脂肪含量 22.31%。生育期 130 天。一般产量 2 790 千克/公顷	适宜播种期为 4 月末至 5 月初，一般保苗 20 万株/公顷。适合吉林省长春、四平、辽源中晚熟地区种植
九农 22 号	亚有限结荚习性，株高 90 厘米。圆叶，紫花，灰色茸毛。百粒重 20.7 克。蛋白质含量 42.05%，脂肪含量 22.49%。生育期 131 天。一般产量 2 688千克/公顷	适宜播种期为 4 月末至 5 月初，一般保苗 20 万株/公顷。适合吉林省长春、四平、辽源中晚熟地区种植
白农 9 号	无限结荚习性，株高 95～105 厘米。圆叶，白花，灰色茸毛。种脐褐色。百粒重 18～20 克。蛋白质含量 39.88%，脂肪含量 22.29%。生育期 119 天。一般产量 2 554 千克/公顷。高抗大豆胞囊线虫 3 号生理小种，抗旱性强	适宜播种期为 5 月上旬，一般保苗 16 万～18 万株/公顷。适合吉林省白城、松原地区种植
辽豆 21 号	亚有限结荚习性，株高 87.6 厘米。圆叶，紫花。籽粒椭圆形，种皮黄色，黄脐。百粒重 19.5 克。蛋白质含量 40.82%，脂肪含量 21.54%。生育期 128 天。一般产量 2 990 千克/公顷	在肥地保苗 15 万～16.5 万株/公顷，中等肥力地块保苗 16.5～18 万株/公顷。适宜在山西省中部、陕西省关中平原、宁夏回族自治区中南部，以及辽宁省丹东、锦州、沈阳地区春播种植
辽豆 14 号	亚有限结荚习性，株高 90 厘米。分枝 3～5 个，小椭圆叶，灰毛，白花。籽粒黑脐。百粒重 16～18 克。蛋白质含量 37.48%，脂肪含量 22.04%。生育期 131 天。一般产量 3 375～3 750 千克/公顷	适宜播种期为 4 月末至 5 月初。保苗 19.5 万～22.5 万株/公顷。适合辽宁省中部、南部和西部地区，河北省北部地区种植。该品种是优质超高产品种

续表 2-5

名　称	特 征 特 性	栽培技术要点
蒙豆 14 号	亚有限结荚习性，株高 80 厘米。尖叶，白花，灰色茸毛，荚黄色。籽粒圆形，种皮黄色，淡脐。百粒重 19 克左右。蛋白质含量 38.41%，脂肪含量 22.23%。生育期 114 天。一般产量为 2 250 千克/公顷	保苗 26 万～30 万株/公顷。适合内蒙古自治区呼伦贝尔市、兴安盟、通辽市和赤峰市，且≥10℃的活动积温在 2 200℃～2 300℃之间的地区作为春播种植
蒙豆 12 号	亚有限结荚习性，株高 80 厘米。无分枝，尖叶，紫花。成熟荚深褐色，三四粒荚比例大。籽粒圆形，种皮黄色、有光泽，淡脐。百粒重 20 克左右。蛋白质含量 38.58%，脂肪含量 22.88%。生育期 113 天。一般产量为 2 350 千克/公顷	保苗 26 万～30 万株/公顷。适合内蒙古自治区呼伦贝尔市、兴安盟、通辽市和赤峰市，且≥10℃的活动积温在 2 200℃～2 300℃之间的地区作为春播种植
蒙豆 9 号	亚有限结荚习性，株高 70 厘米。分枝少，尖叶，紫花。成熟荚深褐色，三四粒荚比例大。籽粒圆形，种皮黄色、有光泽，淡脐。百粒重 20 克左右。蛋白质含量 38.06%，脂肪含量 23.09%。生育期 103 天。一般产量为 2 250 千克/公顷	保苗 30 万株/公顷。适合内蒙古自治区呼伦贝尔市、兴安盟、通辽市和赤峰市，且≥10℃的活动积温在 1 950℃～2 200℃之间的地区作为春播种植
赤豆 1 号	亚有限结荚习性，株高 130 厘米左右。尖叶，紫花，茸毛灰色。荚熟时呈浅褐色，主茎结荚较密，三四粒荚较多。籽粒圆形，种皮黄色、有光泽，脐黄色，百粒重 22 克左右。蛋白质含量 39.42%，脂肪含量 22.81%。生育期 120 天。一般产量为 2 250 千克/公顷	播种期以 5 月上中旬为宜。保苗 15 万～18 万株/公顷。适于内蒙古自治区东部中高水肥条件，且≥10℃有效积温在 2 700℃以上的地区种植

续表 2-5

名　称	特征特性	栽培技术要点
中黄 24 号	亚有限结荚习性，株高 94 厘米。株型收敛，抗倒性强。紫花，棕毛，长叶，落叶性好，不裂荚。种皮黄色、微光，椭圆粒，褐脐。百粒重 20 克左右。中抗大豆胞囊线虫 4 号生理小种。蛋白质含量为 38.61%，脂肪含量达 22.48%。夏播生育期 107 天左右。一般产量为 2 753～3 315 千克/公顷	以 6 月中上旬为夏播最佳播期。保苗 18 万～21 万株/公顷。适宜山东省东南部、河北省南部、河南省中部和北部、山西省南部、陕西省中部及南部等地区种植。该品种高油，适应性较广
冀高油 58	亚有限结荚习性，株高 86.1 厘米左右。尖叶，白花，棕毛。黄种皮，褐脐，圆粒。百粒重 16～18 克。蛋白质含量 35.77%，脂肪含量 23.63%。生育期 109 天左右。一般产量为 3 270 千克/公顷	肥力较好地块保苗 18 万～22.5 万株/公顷，肥力较低的沙土地保苗 27 万～30 万株/公顷。适宜在河南省中北部、山东省中部、陕西省关中地区、山西省南部及其相同生态区内作为夏播种植
冀黄 13 号	亚有限结荚习性，株高 103 厘米。尖叶，白花，棕毛。种皮黄色，圆粒，褐脐。百粒重 19.9 克左右。蛋白质含量为 39.75%，脂肪含量为 24.10%。生育期 139 天左右。一般产量为 3 240 千克/公顷	夏播保苗 22.5 万～27 万株/公顷。冀黄 13 号不仅在冀中南和黄淮海夏播区表现出高产与适应性，而且在京津地区及辽宁省南部和西北地区也表现了广泛的适应性
邯豆 5 号	有限结荚习性，株高 91.47 厘米。株型收敛，椭圆叶，紫花，棕毛。籽粒椭圆，具微光泽。百粒重 22.53 克。蛋白质含量 39.74%，脂肪含量 22.55%。生育期 109 天。一般产量为 2 787 千克/公顷	在 6 月 25 日以前播种为宜。保苗 18 万～27 万株/公顷。适宜在河北省南部、河南省中部和北部、山西省南部地区夏播种植

续表 2-5

名　称	特征特性	栽培技术要点
周豆 12 号	有限结荚习性，株高 75 厘米左右。椭圆叶，紫花，灰色茸毛。籽粒黄色、近圆形，褐色脐。百粒重 23.2 克。蛋白质含量 40.39%，脂肪含量 22.81%。生育期 105 天。一般产量为 3 000 千克/公顷	保苗 18 万～25 万株/公顷。适宜于河南省各地及安徽、江苏两省的淮河以北地区种植
晋豆 29 号	无限结荚习性，株高 80 厘米。抗倒伏。紫花，棕毛，椭圆叶。种皮黄色，圆粒，淡褐脐。百粒重 17.5～20 克。蛋白质含量为 38.19%，脂肪含量达 22.26%。生育期 138 天左右。一般产量为 2 550 千克/公顷	春播保苗 12 万株/公顷，夏播保苗 20 万株/公顷。适宜山西省中部及黄土高原同类地区春播；河北省南部，河南省北部和中部，山西省南部及陕西省关中平原等地区夏播种植
齐黄 30 号	有限结荚习性，株高 74.4 厘米。卵圆叶，白花，棕毛。椭圆粒，种皮黄色，褐脐。百粒重 16.6 克。蛋白质含量 42.18%，脂肪含量 22.36%。生育期 106 天。一般产量为 2 625 千克/公顷	适宜种植密度为 22.5 万～27 万株/公顷。适宜在山东省中部，河北省南部，河南省中部和北部，山西省南部以及陕西省关中平原地区夏播种植
齐黄 28 号	有限结荚习性，株高 70～85 厘米。抗倒伏。白花，棕毛，卵圆叶。种皮黄色，椭圆粒，褐脐。百粒重 18～20 克。蛋白质含量为 40.1%，脂肪含量达 22.3%。生育期 102 天左右，一般产量为 2 600 千克/公顷	保苗 19.5 万～22.5 万株/公顷。适宜在山东省北部、中部、中南部，河北省南部，河南省北部地区夏播种植

续表 2-5

名　称	特征特性	栽培技术要点
中豆 32 号	有限结荚习性，株高 59.3 厘米。白花，灰毛，成熟荚深褐色。种皮黄色。百粒重 19.9 克。蛋白质含量为 42.02%，脂肪含量达 22.69%。生育期 112 天左右。一般产量为 2 625 千克/公顷	春播保苗 6 万～15 万株/公顷。适宜在湖北省江汉平原及其以东地区种植，也可与其他作物间作种植
湘春豆 19 号	有限结荚习性，株高 62.7 厘米。白花，灰毛，椭圆叶，成熟荚浅褐色。籽粒椭圆形，种皮黄色，褐脐。百粒重 20 克。蛋白质含量为 40.95%，脂肪含量达 21.75%。生育期 85～109 天。一般产量为 2 400 千克/公顷	保苗 42 万～48 万株/公顷。适宜在湖南等省红黄壤地区春播种植
皖豆 21 号	有限结荚习性，株高 80～90 厘米。叶片椭圆形，白花，茸毛棕色，成熟时荚色棕黄。籽粒圆形、黄色，脐色深褐。百粒重 20.7 克。蛋白质含量 44.0%，脂肪含量 21.66%。生育期 102 天左右。一般产量 2 400～3 225 千克/公顷	种植密度为 22.5 万株/公顷，适于在河南省南部和东部地区（如正阳、周口、商丘），安徽省沿淮淮北（如阜阳、宿县、淮南），江苏省淮北（如徐州、淮阴）及山东省西南部（如济宁、菏泽）等黄淮大部分地区作为早中熟夏大豆种植

（二）高蛋白大豆选种原则和新品种简介

高蛋白大豆品种在审定时，必须达到品种审定标准，即产量达到对照品种的 95%以上，蛋白质含量 45.0%以上，脂肪含量不低于 17%，生育期与对照品种相同或提早，品种对当地主要病害具有较好的抗性。在品种通过审定后，该品种才可以在适宜地区推广应用。表 2-6 列举了近几年各地育成的高蛋白大豆新品种。

表 2-6 高蛋白大豆标准化生产部分用种

名 称	特征特性	栽培技术要点
黑农 43 号	无限结荚习性，株高 103 厘米左右。秆强，有分枝。长叶，紫花，棕色茸毛，荚熟褐色，籽粒圆形、浅黄色、有光泽，种脐浅黄色。百粒重 23～24 克。蛋白质含量 45.69%，脂肪含量 18.59%。生育期 116 天。一般产量 3 000 千克/公顷	5 月上旬播种，保苗 21 万～22 万株/公顷。适宜黑龙江省第二积温带地区种植
东农 42 号	无限结荚习性，株高 100 厘米左右。尖叶，紫花，灰色茸毛，熟时为褐色。籽粒椭圆，种皮黄色、有光泽，脐无色。百粒重 22.5 克左右。蛋白质含量 45.2%，脂肪含量 19.38%。生育期 123 天左右。一般产量 2 400 千克/公顷	5 月上旬播种，保苗 24 万～27 万株/公顷。适宜黑龙江省第一积温带地区种植
黑生 101	亚有限结荚习性，株高 80 厘米左右，株型收敛。尖叶，白花，灰色茸毛，四粒荚多。籽粒圆形，种皮黄色，有光泽，脐无色或极淡。百粒重 18～20 克。蛋白质含量 45.44%，脂肪含量 17.87%。生育期 118 天。一般产量 2 200 千克/公顷	5 月上旬播种，保苗 25 万株/公顷。适于黑龙江省第二、第三积温带种植
通农 13 号	亚有限结荚习性，株高 100 厘米。白花，圆叶。籽粒圆形，黄种皮，脐无色。蛋白质含量 45.47%，脂肪含量 19.36%。生育期 126 天。一般产量为 3 150 千克/公顷	在 4 月 20 日至 5 月 3 日播种，高肥水地块保苗 11.0 万株/公顷，肥力中等保苗 14.5 万株/公顷，薄地保苗 15.5 万株/公顷。适宜吉林省白城和松原的大部、四平市双辽的北部和长春市农安北部地区种植

续表 2-6

名　称	特征特性	栽培技术要点
通农 11 号	有限结荚习性，株高 90 厘米。尖叶，紫花。籽粒圆形、有光泽，黄色种皮。百粒重 24 克左右。蛋白质含量 45.77%，脂肪含量 16.85%。生育期 126 天。一般产量 2 400 千克/公顷	适宜播种期为 4 月 25 日至 5 月 5 日，保苗 22 万～23 万株/公顷。适宜吉林省白城和松原的大部、四平市双辽的北部和长春市农安北部地区种植
铁丰 29 号	有限结荚习性，株高 69 厘米。紫花，灰毛，叶椭圆，叶色浓绿、叶片肥厚。籽粒圆形、有光泽，黄色种皮，淡脐。百粒重 23.5～25 克。蛋白质含量 45.02%，脂肪含量 19.11%。生育期 130～133 天。一般产量 3 000 千克/公顷	保苗 10.5 万～15 万株/公顷，肥地宜稀，薄地宜密。适宜在辽宁省开原以南的中北部地区及西部地区种植。也可在江苏、四川等省作为菜用大豆种植。该品种适应性广
辽豆 16 号	亚有限结荚习性，株高 97.3 厘米。椭圆叶，紫花，灰毛。籽粒圆形，种皮黄色、有光泽，黄脐。百粒重 22.9 克。蛋白质含量 46.28%，脂肪含量 19.30%。生育期 127 天。一般产量 2 600 千克/公顷	适宜播种期为 4 月末至 5 月初。保苗 16.5 万～19.5 万株/公顷。适合辽宁省各地种植
冀豆 15 号	有限结荚习性，株高 60～70 厘米。白花，灰毛。椭圆粒，种皮黄色，黄脐。百粒重 21～23 克。蛋白质含量 45.30%，脂肪含量 18.51%。生育期 95 天左右。一般产量为 2 800 千克/公顷	保苗 19.5 万～22.5 万株/公顷。适宜河北省冀中以南地区夏播种植
皖豆 24 号	有限结荚习性，株高 74 厘米左右。叶片椭圆形，紫花，灰茸毛。成熟时荚淡褐色。籽粒椭圆形、黄色，脐色浅褐。百粒重 24 克左右。蛋白质含量 46.20%，脂肪含量 21.22%。生育期 103 天左右。一般产量 3 044 千克/公顷	适宜密度 22.5 万～24 万株/公顷。适于在安徽省沿淮淮北等地作为中熟夏大豆种植。也可在江苏省淮北（如徐州、淮阴）及山东省西部和南部（如济宁、菏泽、临沂），河南省南部和东部地区等黄淮南部地区作为中熟夏大豆种植

续表 2-6

名 称	特征特性	栽培技术要点
皖豆 16 号	亚有限结荚习性，株高 80 厘米。叶椭圆形，紫花，灰茸毛。荚褐色，三四粒荚多。种皮、子叶黄色，脐色浅褐。百粒重 20.2 克。蛋白质含量 45.1%，脂肪含量 21.4%。生育期 100 天左右。一般产量 2 642 千克/公顷	中上等肥力田块种植密度为 22.5 万～27.0 万株/公顷；低产田或迟于 6 月 25 日播种，密度则要增加到 30 万～33 万株/公顷。适于安徽省沿淮淮北地区作为夏大豆种植；可在豫东南、鲁西南及苏北地区种植
郑 92116	有限结荚习性，株高 72.8 厘米左右。圆叶，紫花，灰毛，荚熟色灰。粒圆形，种皮黄色、有光泽，脐色褐。百粒重 19.8 克。蛋白质含量 48.41%，脂肪含量 17.30%，异黄酮含量 4.66 毫克/克，属于高蛋白兼高异黄酮品种。生育期 102 天。一般产量 2 775 千克/公顷	6 月上中旬播种，9 月下旬成熟。适宜种植密度 18 万株/公顷。适合河南省全省及鲁南、冀南、晋南和陕中等地种植
浙春 3 号	有限结荚习性，株高 45～55 厘米，株型收敛。叶片卵圆形，茸毛灰色，白花，豆荚茸毛略带棕色，成熟时荚黑褐色。种子椭圆形、黄皮，黑脐。百粒重 20 克左右。蛋白质含量 47.83%，脂肪含量 17.85%。一般产量 2 600 千克/公顷	适宜密度 24 万～25.5 万株/公顷。适宜在浙江、重庆等地区春播种植
赣豆 5 号	有限结荚习性，株高 75 厘米，株型收敛。茎秆粗壮，耐肥抗倒，紫花，成熟时豆荚褐色，茸毛棕色，以二三粒荚为主。籽粒为青色、有光泽，种脐浅褐色。百粒重 27～30 克。蛋白质含量 47%，脂肪含量 17%。一般产量 3 300 千克/公顷	夏播一般在 6 月上中旬，10 月下旬成熟；秋播在 7 月上中旬，11 月上旬成熟。属夏、秋兼用大豆品种。适宜江西省夏播和秋播种植

续表 2-6

名称	特征特性	栽培技术要点
赣豆 4 号	有限结荚习性，株高 50 厘米左右。叶形椭圆，白花，棕毛，荚熟褐色，二三粒荚多。种子椭圆形。百粒重 18～20 克。蛋白质含量 45.3%，脂肪含量 18.68%。生育期 95 天左右。一般产量 1 935 千克/公顷	适宜种植密度 45 万株/公顷。江西省各地均可以在水田进行"豆—稻"轮作，并具有较大的丰产潜力和较好的稳产性
南豆 8 号	有限结荚习性，株高 52 厘米左右，株型收敛。尖叶，白花，棕毛，成熟荚呈深褐色。籽粒椭圆形，种皮黄色，脐浅褐。百粒重 22 克左右。蛋白质含量 45.2%，脂肪含量 18.2%。生育期 108 天。一般产量 2 400 千克/公顷	适宜播种期：春播 3 月中下旬，夏播 5 月中下旬，秋播 7 月全月均可。适宜四川省范围内的平坝、丘陵、低山区的多熟制地区间、套作或净作种植。春、夏季净作保苗 22.5 万～25.5 万株/公顷；与花生、红苕等作物间作保苗 3 万～3.75 万株/公顷；旱三熟春玉米连作保苗 30 万～37.5 万株
南豆 5 号	有限结荚习性，株高 40～50 厘米。尖叶，白花，棕毛。种子椭圆形，种皮黄色，脐色浅。百粒重 28～30 克。蛋白质含量高达 48.5%，脂肪含量 16.9%。春播生育期 95～100 天，夏、秋播生育期 75～80 天，一般产量 2 460 千克/公顷	适宜播种期：在四川盆地 3 月中旬至 8 月上旬均是适宜的播种期。适宜种植形式：为了充分发挥该品种的高产潜力，应主要选春、夏、秋季的空闲地净作及幼林地间作、田埂豆及土边豆等形式种植

续表 2-6

名　称	特 征 特 性	栽培技术要点
南豆 3 号	有限结荚习性，株高 46 厘米左右。叶卵圆形，白花，棕色茸毛，荚褐色。种子椭圆形，种皮浅绿色，脐淡褐色。百粒重 25.6 克。蛋白质含量 47.3%，脂肪含量 17.9%。生育期 100 天左右。一般产量 2 340 千克/公顷	在四川盆地内各地区 3 月中旬至 7 月下旬均是适宜的播种期。春、夏播净作，一般行距 43.3～46.6 厘米，窝距 23.3～26.6 厘米，每窝定苗 2～3 株。秋播于春玉米收后的空闲带：83.3 厘米带宽，一般播 2 行；100 厘米带宽一般播 3 行；200 厘米带宽一般播 5 行。行距 30～40 厘米，窝距 23.3～26.6 厘米，每窝定苗 3～4 株。与玉米、红薯、花生等作物间作一般保苗 3 万～3.75 万株/公顷
鄂豆 7 号	有限结荚习性，株高 38.5 厘米。白花，灰毛，熟荚淡褐色。种皮黄色，脐淡褐色。百粒重 21.7 克。蛋白质含量 49.95%，脂肪含量 17.15%。生育期 97 天。一般产量 2 490 千克/公顷左右	3 月下旬至 4 月下旬播种。种植密度 45 万～52.5 万株/公顷。适宜湖北省种植

(三)特异优质型大豆选种原则和新品种简介

特异优质型大豆品种在审定时，必须达到品种审定标准，即产量达到对照品种的 95%以上，经品种审定委员会指定的专业机构测定，确认具有一种特异优质性状(一种不良成分缺失或一种特异有益成分高于对照50%以上)，生育期与对照品种相同或提早，品种对当地主要病害具有较好的抗性。在品种通过审定后，该品种才可以在适宜地区推广应用。表2-7为部分特异优质型大豆新品种简介。

表2-7 特用大豆标准化生产用种

名 称	特征特性	栽培技术要点
绥小粒豆1号	纳豆专用型品种。亚有限结荚习性，株高80厘米左右。主茎结荚密，分枝力强。尖叶、紫花，灰色茸毛。荚熟呈褐色，籽粒圆形，鲜黄有光泽，种脐无色。百粒重9克左右。蛋白质含量46.0%，脂肪含量16.1%。生育期113天。一般产量2056千克/公顷	适宜播种期4月25日至5月5日，一般保苗22万～25万株/公顷。适宜黑龙江省第二积温带中等肥力地块种植
吉林小粒7号	纳豆专用型品种。亚有限结荚习性，株高80厘米。分枝收敛。尖叶，白花，灰毛。结荚均匀，三四粒荚较多。种子圆粒，黄种皮，黄脐。百粒重8.5克。蛋白质含量44.35%，脂肪含量18.36%。生育期115天。一般产量2230千克/公顷	适宜播种期4月25日至5月5日。保苗18万～22万株/公顷。宜在微酸性的中下等肥力的山坡地、漫岗地及平地种植，不宜种在土质肥沃、涝洼地和轻碱地上。适宜在吉林省中东部，黑龙江省东南部山区、半山区及平原区有效积温2250℃的地区种植
吉林小粒6号	纳豆专用型品种。亚有限结荚习性，株高90厘米，分枝收敛。主茎节数22节，尖叶，白花，灰毛。结荚均匀，三四粒荚较多，不裂荚。种子圆粒，黄种皮，黄脐。百粒重9.0克。蛋白质含量45.03%，油脂含量17.24%。生育期115～120天。一般产量2500千克/公顷	适宜播种期4月25日至5月5日。保苗20万～25万株/公顷。宜在微酸性的中下等肥力的山坡地、漫岗地及平地种植，不宜种在土质肥沃、涝洼地和轻碱地上。适宜在吉林省东部、黑龙江省东南部山区、半山区有效积温2300℃以及吉林省中部中下等肥力的地区种植

续表 2-7

名　称	特征特性	栽培技术要点
吉林小粒4号	纳豆专用型品种。亚有限结荚习性，株高80厘米，分枝收敛。尖叶，白花，灰毛。结荚均匀，三四粒荚较多。种子圆粒，黄种皮，黄脐。百粒重8.2克。蛋白质含量44.19%，脂肪含量16.75%。生育期110天。一般产量2 100千克/公顷	适宜播种期4月25日至5月5日。保苗20万～25万株公顷。宜在微酸性的中下等肥力的山坡地、漫岗地及平地种植，不宜种在土质肥沃、涝洼地和轻碱地上。每公顷施磷酸二铵150千克、有机肥30 000千克。适宜吉林省东部，黑龙江省东南部山区、半山区有效积温2 200℃以上的地区种植
通农14号	纳豆专用型品种。有限结荚习性，株高89厘米。尖叶，白花，灰色茸毛，19节，多分枝，三粒荚多。籽粒圆形，种皮黄色，脐无色，有光泽。百粒重10克。蛋白质含量45.5%，脂肪含量16.63%。生育期123天。一般产量为2 600千克/公顷	在4月20日至5月3日播种，要求60厘米垄距，15厘米双株，等距扎眼种或刨埯种。保苗22.2万株/公顷。适宜吉林省的白城和松原的大部，四平市、双辽的北部和长春市农安北部地区种植
绥无腥豆1号	无豆腥味加工专用型品种。无限结荚习性，株高110厘米左右，分枝力强。尖叶，白花，灰色茸毛，荚熟呈草黄色。籽粒圆形，黄色有光泽，种脐无色。百粒重19克左右。蛋白质含量40.77%，脂肪含量19.90%。籽粒中不含脂肪氧化酶-2基因，无豆腥味。生育期120天。一般产量2 402千克/公顷	一般保苗20万～23万株/公顷。适宜黑龙江省第二积温带中等肥力地块种植

续表 2-7

名　称	特征特性	栽培技术要点
五星 3 号	无豆腥味加工专用型品种。亚有限结荚习性。株高 86.4～93.4 厘米。椭圆叶，紫花，棕毛。荚色较深，不裂荚。椭圆粒，种皮黄色、微光，褐脐，百粒重 22.3～23.3 克。蛋白质含量 42.18%，脂肪含量 19.05%。脂氧酶-2 基因缺失，口感好，无豆腥味，适宜豆制品加工，商品价值高。生育期 110～112 天。一般产量 2 865 千克/公顷	夏播适宜播期 6 月 5～20 日。适宜密度19.5 万～27 万株/公顷。适宜北京市、天津市、河北省北部、山西省中部和山东省北部地区夏播种植
五星 2 号	无豆腥味加工专用型品种。亚有限结荚习性。株高 95 厘米左右。叶卵圆，紫花，棕毛。荚色较深，不裂荚。椭圆粒，黄种皮，黑脐。百粒重 18.8～19.6 克。蛋白质含量 38.23%，脂肪含量 22.37%。缺失脂肪氧化酶-2 基因。生育期 137 天。一般产量 3 200 千克/公顷	春播 4 月下旬至 5 月上旬。春播保苗 15 万～18 万株/公顷。适宜西北和华北春大豆产区种植
中黄 31 号	无豆腥味加工专用型品种。亚有限结荚习性。株高 90 厘米左右。尖叶，白花，灰毛。籽粒圆形，种皮深黄色、有微光，浅褐脐。百粒重 20.5 克。籽粒蛋白质含量 42.41%，脂肪含量 20.37%。缺失脂肪氧化酶-2 基因及胰蛋白酶抑制剂(ti)，豆腥味低。一般产量 2 800 千克/公顷	夏播 6 月中下旬播种。一般种植密度 22.5 万株/公顷左右。生育期 114 天左右。为夏播大豆新品种。适宜北京地区夏播种植，也适宜天津、河北和山东等省、市的部分地区种植

续表 2-7

名 称	特征特性	栽培技术要点
中黄 28 号	加工专用型品种。亚有限结荚习性。株高 90.3 厘米。叶片圆形，紫花，灰毛，落叶性好。籽粒圆形、黄色、有微光，褐脐。百粒重 18.9 克。蛋白质含量为 43.23%，脂肪含量为 20.98%。缺失 Kunitz 胰蛋白酶抑制剂和脂肪氧化酶-3 基因，加工品质优良。春播全生育期 131 天，夏播全生育期 115 天。一般产量 2 850 千克/公顷	北京地区春播 4 月底至 5 月初，种植密度 18 万株/公顷左右；夏播麦收后 6 月中旬左右足墒早播，密度 22.5 万株左右/公顷。适宜京津地区的陆生环境种植；同时在河北、山东、山西等省的部分地区也可种植
中黄 16 号	加工专用型品种。亚有限结荚习性。株高 96.8 厘米。叶片椭圆形，紫花，灰毛。籽粒椭圆、黄色、有微光，黑脐。百粒重 19.4 克。蛋白质含量为 45.97%，脂肪含量为 19.45%。同时缺失 Kunitz 胰蛋白酶抑制剂和脂肪氧化酶-2、3 基因，符合特用品种品质检验标准。全生育期 100 天左右。一般产量 2 475 千克/公顷	适于中上等肥力的土地种植。麦收后，6 月中下旬足墒早播。种植密度 22.5 万株/公顷左右。适宜京津地区的陆生环境种植；同时在河北、山东、山西等省的部分地区也可种植
中豆 27 号	高异黄酮含量品种。亚有限结荚习性。株高 105 厘米左右。叶片卵圆，白花，灰毛。粒形椭圆、有微光、黄种皮，黑脐。百粒重 20～21 克。蛋白质含量 42.98%，脂肪含量 20.44%。异黄酮含量为 3.704 毫克/克，符合特用品质标准，属于高异黄酮品种。春播生育期 136 天左右，夏播生育期 103 天。一般产量 2 250～2 700 千克/公顷	适合中上等肥力的地块种植。春播于 4 月中下旬。密度 15 万～18 万株/公顷。适宜京津地区春、夏播种植。在贵州、湖北、新疆等省、自治区也可种植

续表 2-7

名　称	特征特性	栽培技术要点
豫豆 25 号	高异黄酮含量品种。有限结荚习性。株高 73 厘米左右。主茎节数 18 节，圆叶，紫花，灰毛。粒圆形，种皮黄色、有光泽，褐色脐。百粒重 18.4 克。蛋白质含量 46.3%，脂肪含量 17.1%。异黄酮含量为 3.743 毫克/克，符合特用品质标准，属于高异黄酮品种。生育期 103 天。一般产量 3 300 千克/公顷	适播期 6 月上中旬，保苗 18 万～22.5 万株/公顷，适宜在河南全省、安徽省北部、河北省南部、山东省南部等地夏播种植，是该地区标准化种植的优良品种
郑 92116	高异黄酮含量品种。有限结荚习性。株高 72.8 厘米左右。圆叶，紫花，灰毛，荚熟色灰。粒圆形，种皮黄色、有光泽，脐色褐。百粒重 19.8 克。蛋白质含量 48.41%，脂肪含量 17.3%。异黄酮含量 4.66 毫克/克，属于高蛋白兼高异黄酮品种。生育期 102 天。一般产量 2 775 千克/公顷	6 月上中旬播种，9 月下旬成熟。适宜密度 18 万株/公顷。适合河南省全省及鲁南、冀南、晋南、陕中等地种植
徐豆 13 号	高异黄酮含量品种。亚有限结荚习性，株高 85 厘米左右。叶卵圆形，白花，棕毛，荚棕黄色。籽粒扁椭圆形，种脐褐色。百粒重 21.5 克左右。蛋白质含量 40.00%，脂肪含量 21.30%。异黄酮含量 4.66 毫克/克，属于高异黄酮品种。生育期 102 天左右，一般产量为 2 682 千克/公顷	播期为 6 月上中旬。一般密度为 18 万株/公顷。适于苏、皖淮北，豫、鲁南等地区夏播种植

（四）菜用型大豆选种原则和新品种简介

菜用型大豆（俗称“毛豆”）品种在审定时，必须达到品种审定标准，即产量达到对照品种的 95%以上，口感鉴定为香甜柔糯型的区域试验点比例达 50%，每 500 克荚不多于 220

个，两粒荚长宽4.5厘米×1.2厘米，标准荚率为70%，生育期与对照品种相同或提早，品种对当地主要病害具有较好的抗性。在品种通过审定后，该品种才可以在适宜地区推广应用。如果菜用大豆品种选择适当，经过标准化种植后，容易达到出口标准，实现高效种植。表2-8为我国近年育成的菜用大豆新品种。

表2-8 菜用大豆标准化生产部分用种

名　称	特征特性	栽培技术要点
台湾75	有限结荚习性。株高60～80厘米。主茎9～10节，分枝4～6个。圆叶，白花。早春播种，生育期90～100天；春、夏播种，生育期75～85天。属大粒型豆荚，荚果白毛、豆粒绿色，豆粒松、脆、糯性强，有甜味、口感好。单株结荚28.4个左右。百粒鲜重81.6克左右。一般产量1.05～1.35万千克/公顷，高产田块可达1.88万千克/公顷以上	种植密度为13.5万～15万株/公顷。播种期掌握在春栽3月下旬至4月上旬，秋栽7月上旬播种，宜直播。成片种植株行距为30厘米×15厘米，每穴种植1～2株，每公顷保留18万～21万株。适宜上海市、江苏省、浙江省和安徽省等地区种植
台湾292（AGS292，高雄1号）	有限结荚习性。株高35～40厘米。主茎6～8节，分枝性较弱。尖叶，紫花。单株结荚15～20个，荚大，粒大，茸毛白，外观美，不易裂荚。种皮黄色，种子近圆形。百粒重25克左右。味甜，带香味，品质佳。耐高肥能力强，不易倒伏，抗病性也较强。早熟，播种至嫩荚采收约70天。一般产鲜荚7 500千克/公顷左右。适宜鲜食和加工速冻出口	一般3月底至4月中旬播种，由于顶土力弱，播种不宜太深。适当密植，株行距30厘米×30厘米，每穴留2株。施足基肥，花荚期增施磷、钾肥。作为加工速冻出口，要严格掌握采青期，其标准是：豆荚呈青绿色，而籽粒已充分饱满时要及时采收；若超过采青期，荚色较黄就失去商品价值。适宜上海市、江苏省、浙江省和安徽省等地区种植

续表 2-8

名　称	特征特性	栽培技术要
十月青	有限结荚习性。株高 95 厘米。主茎 23 个节，有效分枝 3.75 个。椭圆叶，紫花，灰白茸毛。百荚鲜重 282 克，百粒鲜重 85 克，百粒干重 40 克。荚皮薄，剥鲜豆率 63.9%。籽粒种皮绿色，脐浅褐色。籽粒不仅易煮烂，熟食时甜而面，适合中老年人胃口，而且种皮附有较厚白色衣膜，味道十分鲜美。各项食用品质的技术指标都达到国际标准，是出口创汇、打入国际市场的毛豆品种。该品种的二三粒荚占 81.5%，平均每荚 2.01 粒。鲜荚宽 1.5 厘米，长 5.8 厘米。一般鲜荚产量 1.56 万千克/公顷	在 6 月中下旬播种，9 月底至 10 月初采摘鲜荚，产量很高。适当稀植，在肥沃的土壤留苗 12 万株/公顷，中等肥力田块留苗 15 万～18 万株/公顷。由于该品种鼓粒期适逢秋季，少雨季节，抓好浇水是增产的重要一环，浇水时不宜等到土地开裂、干旱缺水时再浇。适宜安徽省、上海市、江苏省和浙江省等地区种植
95-1	有限结荚习性。植株较矮。生长势中等，分枝多。该品种豆荚饱满，每荚含种子 2～3 粒。豆粒大而鲜绿，极易烧酥，口感甜糯，品质极佳，是目前国内毛豆品种中早熟性和品质兼优的品种。该品种既可鲜食，又适于速冻加工出口，特别适合日本市场对速冻毛豆的要求。一般产量 7 500 千克/公顷以上	可于 3 月上旬播种，5 月底采收上市；也可于 3 月上中旬播种（地膜覆盖），6 月上旬采收上市，比其他毛豆品种提早 20 天左右上市。该品种极耐肥，可适当密植，穴距 15～20 厘米，行距 25 厘米，穴播 3～4 粒。适宜上海市、江苏省、安徽省和浙江省等地区种植

续表 2-8

名称	特征特性	栽培技术要点
华春 18	有限结荚习性。株高 40～50 厘米。叶片中等大小，叶色较深。分枝短小，结荚较密，三粒荚比例高，60%以上的荚果为三粒荚。鲜荚深绿色，荚大，茸毛为白毛，鲜豆易煮烂，软而可口，食味佳。成熟期干豆百粒重 20～22 克，鲜毛豆产量 7 500～9 750 千克/公顷	在杭州于 3 月下旬播种，6 月 10 日以后即可上市供应鲜毛豆。若采用保温措施，则上市时间更早。露地播种 3 月底至 4 月初为宜，保苗 30 万株/公顷左右。4 月上旬以前播种，播期越早越的可密些；育苗移栽的比的直播可密些。每公顷用磷酸二铵复合肥 225～300 千克作为基肥；苗期用尿素 30～45 千克/公顷提苗；初花期根据苗势确定是否再补施少量速效肥料。适宜浙江省、上海市、江苏省和安徽省等地区种植
高雄 2 号	有限结荚习性。株高 75～80 厘米。分枝 2～3 个，主茎 8～9 节。卵圆叶，紫花，白色茸毛。豆荚翠绿色，宽大，一般荚长 5～6 厘米，荚宽 1.3～1.4 厘米，从播种到收获鲜荚 95～100 天，鲜荚产量为 9 000～10 500 千克/公顷，干豆产量 1 875～2 250 千克/公顷	一般于 6 月下旬至 7 月中旬播种，最迟不超过 7 月 20 日，在可能的情况下尽量早播，使其有充分的营养生长，为丰产打下基础。株行距为 25 厘米×30 厘米，每穴种植 2～3 粒。适宜浙江省、上海市、江苏省和安徽省等地区种植

续表 2-8

名　称	特征特性	栽培技术要点
青酥 4 号	有限结荚习性。株高 23.7 厘米。叶卵圆形，白花，灰毛，干种子种皮浅绿色，子叶绿色。百粒鲜重 65.35 克。豆仁有甜味，糯性较好。生育期短，播种至采收的生育日数为 87 天。鲜荚产量 8 834千克/公顷以上	大棚覆盖栽培于 1 月中旬至 2 月上旬播种；地膜覆盖于 2 月中旬播种，采取直播方式。春播露地栽培于 4 月上中旬播种。覆盖栽培保苗 21 万～24 万株/公顷，露地栽培保苗 27 万株/公顷。适于江苏省作为春季毛豆栽培
青酥 2 号	有限结荚习性。株型矮小。耐寒性强，适应性广，是鲜食和加工兼用型品种。该品种粒大饱满、两粒荚长 6 厘米以上，宽 1.5 厘米以上，色绿、易烧煮。鲜豆百粒重 70～75 克。生育期短，极早熟，播种至采收 75～78 天。产量可达9 000千克/公顷以上	大棚覆盖栽培在 2 月中下旬播种，小拱棚覆盖栽培在 3 月上中旬播种，地膜覆盖栽培在 3 月下旬播种，露地栽培 4 月上旬播种。畦宽80～100 厘米，直播行距 30～35 厘米，穴距 25 厘米，每穴播种子 3～4 粒。适时采收：豆荚充分长大，豆粒饱满，由碧绿色转为浅绿色时采收。适宜上海市、江苏省、浙江省和安徽省等地区种植
辽鲜 2 号	有限结荚习性。株高 35 厘米。分枝 3～4 个，着荚密集。圆叶，白花，灰色茸毛。种皮、子叶黄色，干种子百粒重 27～30 克。抗病性优于国外同类型品种。籽粒易煮熟，味甜软，尤其适于炒食。荚大，每千克鲜荚少于 360 个。生育期 100 天。比辽宁春播品种早 25 天左右	适于长江流域及其以南、西南各省种植。露地、大棚栽培均可。喜大水大肥，适于高肥土壤种植

续表 2-8

名　称	特征特性	栽培技术要点
辽鲜 1 号	有限结荚习性。株高 35～40 厘米。分枝 3～4 个，白花，圆叶，灰色茸毛。矮秆早熟。长江流域试种评价极佳，已大面积推广。种皮绿色，子叶黄色，脐淡褐色。干种子百粒重 30～33 克。易煮熟，味鲜软，更适于炒食。鲜荚质量符合出口要求。植株及籽粒病害极轻，抗病性强，鲜荚成品率高。生育期 105 天，比辽宁春播品种早熟 20～25 天	适于长江流域及其以南、西南各省种植。露地、大棚栽培均可，喜大水大肥，适于高肥地区种植
浙鲜豆 2 号	有限结荚习性。株高 29.5 厘米。主茎节数 8.9 节，分枝数 2.3 个。白花，灰毛。每 500 克标准荚数 202 个。荚长、荚宽分别为 5.2 厘米和 1.4 厘米，标准荚率 73.0%，百粒鲜重 60.4 克，口感品质为鲜脆型。该品种生育期 85 天。鲜荚产量 9 900 千克/公顷	春播的适宜时期为 3 月下旬至 4 月中旬。保苗 30 万株/公顷为宜。在肥力中等地区，每公顷用 450 千克磷酸二铵复合肥作为基肥。开花结荚期，每公顷可追施复合肥 150～225 千克。适宜在北京市、江苏省南通市、安徽省合肥市和铜陵市周边相同生态区种植
浙鲜豆 1 号	有限结荚习性。株高 38.2 厘米，株型收敛。主茎节数 9.4 节，分枝数 2.0 个。叶片卵圆形，白花，灰毛。单株有效荚数 22.5 个，百荚鲜重 229.2 克，百粒鲜重 59.8 克。口味微甜，质地硬脆，鲜食品质较好。摘鲜豆生育期(播种至采收)86.2 天。鲜荚产量为 6 770 千克/公顷	适宜在浙江省作为春季菜用大豆种植。栽培上要根据地力适当调节种植密度

续表 2-8

名　称	特征特性	栽培技术要点
淮阴矮脚早毛豆	有限结荚习性,株高 30 厘米。株型直立,分枝数 3.2 个,叶片卵圆形,白花,灰毛。百粒鲜重 65 克;干籽粒表皮绿色,脐浅褐色,子叶黄色,百粒重 38 克。生育期 85～90 天。鲜荚产量为 10 595 千克/公顷	一般淮北地区地膜栽培可在 3 月中旬播种,大棚可在 2 月中旬播种,播种行距 40 厘米,株距 15 厘米。适于新安江—富春江—钱塘江流域以北地区作为早毛豆种植
徐春 1 号	有限结荚习性,株高 32.7 厘米。株型直立,分枝数 2 个,叶片卵圆形,紫花,灰毛。百粒鲜重 62 克,籽粒扁椭圆形,绿色,口感微甜,较糯。生育期 91.5 天,鲜荚产量为 9 000 千克/公顷	适宜温室大棚等保护地种植,也适宜露地栽培。一般从 2 月中下旬至 5 月中旬均可播种。保苗 18 万～21 万株/公顷。适于江苏省各地及周边地区作为春毛豆种植

第三章　大豆标准化生产对产地环境的质量要求

国家质量监督检验检疫总局于 2002 年 4 月 29 日发布《无公害农产品管理办法》后，全国各地陆续制定了适于当地的无公害大豆生产技术规程。在制定无公害大豆生产技术规程时，应重点考虑生产基地环境的质量标准、生产的肥料施用标准、农药使用标准等。生产无公害大豆的基地应远离主要交通干线，周边 5 千米内不应有污染源（如工矿企业、医院等）。大豆生产区的大气、灌溉用水和土壤的质量均应符合无公害农产品的大气、水质和土壤的质量标准。当地土壤、水质和空气等指标是否符合无公害生产标准，必须经省级绿色食品管理部门指定的环境监测部门进行实地取样检测，根据检测结果，对照绿色食品产地环境质量标准 NY/T391 的要求来判明是否达到要求。

一、大豆标准化生产对产地土壤要求

大豆的根系除了从土壤中吸收一些自身生长发育所需的营养元素外，一些不需要的物质（包括对人体有毒有害的物质）也会同时吸收到植株体内，积累在籽粒中，因此，土壤环境的好坏会直接影响到农产品的质量。为了实现大豆安全标准化，根据农业行业标准 NY/T391 的规定，无公害大豆生产基地的土壤质量必须符合表 3-1 规定的标准。

表 3-1　无公害农产品基地土壤环境质量标准　（毫克·千克$^{-1}$）

项　目	pH 值		
	<6.5	6.5～7.5	>7.5
镉(Cd)/≤	0.30	0.30	0.40
汞(Hg)/≤	0.25	0.30	0.35
砷(As)/≤	25	20	20
铅(Pb)/≤	50	50	50
铬(Cr)/≤	120	120	120
铜(Cu)/≤	50	60	60

我国东北地区，雨热同季，较高的温度与充沛的降水相结合，为大豆生长发育和稳产高产提供了适宜的条件。东北地区的土壤相对比较肥沃，尤其是黑龙江省境内的黑土带地区，既没有大型化工企业，不存在特别严重的大气污染源，又因开发时间较晚，土壤受污染较轻，水质比较纯净，具有良好的土壤环境，因而，具备发展无公害大豆生产的先决条件，是我国优质大豆生产的重要产区。

二、大豆标准化生产对产地水质要求

被污染的水一旦进入农田，经大豆植株吸收，有毒有害物质就可能残留在籽粒中，从而带来公害。因此，灌溉水的水质是无公害农产品基地环境的重要评价要素之一。根据农业行业标准 NY/T391 的规定，无公害大豆基地灌溉水的水质必须符合表 3-2 所规定的标准。

表 3-2　无公害农产品基地灌溉水的水质标准

项　目	标　准
pH 值	5.5～8.5
总汞(Hg)(毫克・升$^{-1}$)	≤0.001
总镉(Cd)(毫克・升$^{-1}$)	≤0.005
总铅(Pb)(毫克・升$^{-1}$)	≤0.1
总砷(As)(毫克・升$^{-1}$)	≤0.05
六价铬(Cr)(毫克・升$^{-1}$)	≤0.1
氟化物(F^-)(毫克・升$^{-1}$)	≤2.0
粪大肠菌群(个・升$^{-1}$)	≤10000

注：除了表中所列重金属和有毒有害物质外，灌溉水中也不能含有超标的黄曲霉毒素、过氧化物、酸价和农药等污染物。另外，工厂的废水和生活污水未经处理也不适于灌溉农田

三、大豆标准化生产对产地空气质量要求

大气中的有害气体或悬浮颗粒物，被大豆植株吸收后，不仅会影响产量，还会改变产品的品质。因此，无公害大豆的生产基地，一般应建在远离城镇和污染区、大气质量较好的地区。根据农业行业标准 NY/T391 的规定，无公害大豆基地的大气质量必须符合表 3-3 所规定的标准。

表 3-3　无公害农产品基地的大气质量标准

项　目	标　准	
	日平均	1 小时平均
总悬浮颗粒物(TSP)(毫克・米$^{-3}$)	≤0.3	—
二氧化硫(SO_2)(毫克・米$^{-3}$)	≤0.15	≤0.50

续表 3-3

项　目	标　准	
	日平均	1 小时平均
氮氧化物(NOx)(毫克·米$^{-3}$)	≤0.10	≤0.15
氟化物(F^-)(微克·米$^{-3}$)(微克·分米$^{-2}$·天$^{-1}$)(挂片法)	≤7 ≤1.8	≤20

注:根据当地主导风向,确定可能对基地大气造成污染的污染源下风向为检测的重点,同时兼顾基地内部可能的污染源。采样时间选择在大气污染对大豆生产影响较大的时间进行。日平均指任何 1 日的平均浓度;1 小时平均指任何 1 小时的平均浓度;连续采样 3 天,1 日 3 次,每天早、午、晚监测 3 次。氟化物采样可用动力采样滤膜法或用石灰滤纸挂片法,分别按各自规定的浓度限值执行,但石灰滤纸挂片法须挂置 7 天

四、大豆标准化生产对产地农作物茬口要求

大豆是最忌重茬迎茬的作物。大豆重茬迎茬时,生长迟缓,叶色变黄,容易感染病虫害,植株矮小,结荚少,籽粒小,产量显著降低。群众称这种现象为“火龙秧子”。据调查,大豆重茬减产幅度为 11.1%～34.6%,迎茬减产 5%～20%。减产的主要原因是:以大豆为寄主的病害如胞囊线虫病和根腐病、细菌性斑点病、黑斑病和立枯病等病害容易蔓延;危害大豆的害虫如食心虫、蛴螬等也愈加猖獗;大豆生长需磷较多,豆茬土壤的五氧化二磷含量比谷子茬、玉米茬少,这样的土壤再种大豆,必然影响产量的形成;大豆根系的分泌物(如脱落酸)能抑制大豆的生长发育,降低根瘤菌的固氮能力。最近研究证明,大豆根际土壤环境中存在紫青霉,这种霉分泌的毒素会抑制大豆种子萌发和根系生长。

在生产上，大豆最好要与其他作物实行3年以上的轮作，大豆地块实行连片种植，统一整地、施肥、供种与播种，分户管理和收获。大豆实行合理轮作是一项切实可行的提高大豆种植效益的措施，而且能起到用地养地的作用。近年来，黑龙江省在进行无公害高油大豆生产时，采用小麦—小麦—大豆，玉米—大豆—小麦，大豆—玉米—杂粮—小麦等轮作方式，收到了很好的效果。

大豆对前茬作物要求不严格，一般谷类作物，如小麦、玉米、高粱，以及经济作物亚麻、甜菜等都是大豆的适宜前作。但大豆忌豆科作物和向日葵作前茬。

大豆茬是轮作中的好茬口，农民俗称“油茬”。大豆的残根落叶含有较多的氮素，豆茬土壤较疏松，地面较干净，因此，适于种植各种作物，尤其是禾谷类作物。

正确的作物轮作不但有利于各种作物全面增产，而且也可起到防治病虫害的作用。研究表明，在胞囊线虫病大发生的地块，换种一茬蓖麻之后再种大豆，可有效地抑制胞囊线虫的危害；或轮种一年万寿菊，也可以减轻胞囊线虫对大豆的危害。

另外，在进行大豆标准化生产时，选择地块的土壤肥力也是值得考虑的。根据农业行业标准 NY/T391 的规定，为了促进生产者增施有机肥，提高土壤肥力，生产 AA 级绿色食品大豆时，耕地土壤肥力要达到土壤肥力Ⅰ至Ⅱ级标准（表3-4）。生产 A 级绿色食品大豆时，土壤肥力则作为参考指标。为了使土壤肥力逐年提高，生产者应增施有机肥。

表 3-4　土壤肥力分级参考指标

项　目	级　别	旱　地
有机质(克·千克$^{-1}$)	Ⅰ	>15
	Ⅱ	10～15
	Ⅲ	<10
全氮(克·千克$^{-1}$)	Ⅰ	>1.0
	Ⅱ	0.8～1.0
	Ⅲ	<0.8
有效磷(毫克·千克$^{-1}$)	Ⅰ	>10
	Ⅱ	5～10
	Ⅲ	<5
有效钾(毫克·千克$^{-1}$)	Ⅰ	>120
	Ⅱ	80～120
	Ⅲ	<80
阳离子交换量(厘摩尔·千克$^{-1}$)	Ⅰ	>20
	Ⅱ	15～20
	Ⅲ	<15
质　地	Ⅰ	轻壤、中壤
	Ⅱ	砂壤、重壤
	Ⅲ	砂土、黏土

注:土壤肥力各个指标含义,Ⅰ级为优良,Ⅱ级为尚可,Ⅲ级为较差

由此可见,大豆标准化生产中,茬口选择适当,可以降低病虫害的危害,减少农药使用量,降低生产成本,有利于大豆标准化高效生产和安全生产。合理轮作还可以减缓地力消耗,有利于农业生产的持续发展,有利于大豆标准化生产对生态环境保护作用的发挥。

第四章　大豆标准化生产的播前准备

一、整地标准化

农业标准化是衡量农业现代化水平的重要依据，而土壤耕作是实施农业标准化的最重要的环节。整地达不到标准，农业标准化就无从谈起。只有把耕地整平耙细了，才有实现播种、施肥和植保等作业标准化的前提。土壤是大豆生长的基本条件，土壤的好坏是决定大豆产量高低的主要因素之一。在大豆标准化生产过程中，土壤准备是一个重要环节，土壤准备得好既有利于高产稳产，又有利于优质高效。大豆标准化高产生产要求达到的土壤标准是：活土层较深，既要通气良好，又能蓄水保肥，地面应平整细碎。在整地时，应做到合理深翻，细致整地，达到改善土壤环境、熟化土壤、蓄水保墒、提高土壤肥力、减轻杂草和病虫危害的目的，实现大豆苗全苗壮。

大豆标准化生产中，在有机械耕翻条件的地区，可采用平翻、垄作、耙茬和深松等整地技术。

（一）平　翻

多在北方一年一熟的春大豆地区应用。通过耕翻，一方面土壤熟化加速，有利于养分的充分利用；另一方面能创造一定深度的疏松耕层，翻埋农肥、残茬、病虫和杂草等，为提高播种质量和出苗创造条件。翻地时间因前作不同而有差异，有时也因气候条件限制有所变化。平翻作业的标准为:麦茬实行伏翻,应在8月份翻完,最迟不可超过9月上旬。黑土耕深25～35厘米,黄土、白浆土、轻碱土或土层薄的地块翻深不宜超过肥土层。伏翻后,在秋季待土壤充分接纳雨水后耙细耢平。玉米茬、谷子茬和高粱茬应进行秋翻。秋翻必须在结冰前结束,深度可达20～25厘米。秋翻地应在耕后立即耙耢,在翌年春播前再次耙平并镇压,防止跑墒。秋翻时间短促,一旦多雨,则无法进行,只能待翌年春翻。春翻应在土壤"返浆"前进行,耕深15厘米为宜。一般来讲,伏翻好于秋翻,有利土壤积蓄雨水;秋翻好于春翻,防止春播前水分过多丧失。但如果秋翻不适时,水分过多,形成大土块,效果反而不如春翻。翻耙后土壤应无大土块和暗坷垃,每平方米耕层内直径大于3厘米的土块应少于3个。

(二)垄　作

是东北地区常用的传统耕作方法。耕翻后做垄,能提高地温,加深耕作层,增强排涝抗旱力。前作为玉米、高粱或谷子,以原垄越冬,早春解冻前,用重耢子耢碎茬子,然后垄翻扣种,垄翻后及时用木磙子镇压垄台,防止跑墒。起垄标准为:垄向要直,50米长直线度误差为±5厘米,垄距误差±2厘米,垄幅误差±3厘米。垄体压实后垄沟至垄台的高度为18厘米,垄高误差±2厘米。

(三)耙　茬

东北春大豆区和黄淮流域夏大豆区均有采用。耙茬是平播大豆的浅耕方法。此法可防止过多耕翻破坏土壤结构,造成土壤板结,并可减少深耕机械作业费用,提高标准化生产效益。东北春大豆区，耙茬浅耕主要用于前作为小麦的地块。小麦收后，用双列圆盘耙灭茬，对角耙两遍，翌年播前再耢一遍，即可播种。黄淮流域夏大豆区，前作冬小麦收后，先撒施基肥，随即用圆盘耙灭茬 2～3 遍，耙深 15～20 厘米，然后用畜力轻型钉齿耙浅耙一遍，耙细、耙平后播种。

(四)深 松

深松耕法采用机械化作业，方法多样，机动灵活，是一种很有发展前途的耕法。黑龙江省机械化程度较高的农场，大豆种植区 80%以上已经采用。利用深松铲，耕松土壤而不翻转土层，实行间隔深松，打破平翻耕法或垄作耕法的犁底层，形成虚实并存的耕层结构。垄底深松深度一般 15～20 厘米，不宜过深，垄沟深松可稍深，一般可达 30 厘米。同时，以深松为手段还可同时完成追肥、除草和培土等作业，有利于大豆标准化高效生产。

无机械耕翻条件的地区，秋季在前茬收获后，将垄上茬子清除，翌年早春用畜力顶浆打垄。打垄时边在原垄沟内撒粪，边破旧垄起新垄。起垄后需镇压，使土壤达到适宜的播种状态。

二、种子质量标准化

种子质量与标准化生产关系密切，种子质量高有助于实现苗全苗匀，为大豆标准化高产优质生产打好基础。为了使种子质量达到标准化生产要求，首先，必须根据当地的生态条件，选用通过国家或省级机构审定的品种；同时，必须选用正规种子公司繁育、经过种子检测机构鉴定合格的种子。在播种前用选种机选种，再进行人工粒选，剔出杂质，病、残及虫食粒。使种子纯度和净度均达 98%以上，发芽率不低于 85%，含水量不高于 12%，种子质量达到国家良种标准。

三、种子准备标准化

在大豆标准化生产时，要根据当地条件进行适当的种子准备，如进行微肥拌种、根瘤菌接种和种子包衣等。要实现大豆标准化安全生产，在种子准备过程中，必须遵守无公害大豆生产的标准；否则会因为在种子准备过程中使用了剧毒农药或高残留农药等原因，造成生产的产品达不到无公害产品质量要求的后果，无法实现无公害大豆优质、生态、安全的目的。

(一)微肥拌种

在生产无公害大豆时，可以采用以下方法进行种子处理，但生产 AA 级绿色食品大豆时不宜采用。

1. 钼酸铵拌种 每千克豆种用 1.5 克钼酸铵，溶于水中，用液量为种子量的 1%(注意：水多易造成豆种脱皮)，均匀洒在豆种上，混拌。

2. 硫酸锌拌种 每千克豆种用 4～6 克硫酸锌，溶于水中，用液量为种子量的 1%，均匀洒在豆种上，混拌。

以上 2 种微肥切不可过量，但可以同时使用。

(二)根瘤菌拌种

每公顷用根瘤菌剂 3.75 千克，加水搅成糊状，均匀拌在种子上，拌种后不能再混用杀菌剂。接种后的豆种要严防日晒，并需在 24 小时内播种，以防菌种失去活性。

(三)种子包衣

有条件的地区还可以进行大豆种子包衣。由于大豆是子叶出土作物,种子萌发时,子叶要从土下伸出地面,种衣剂浓度过高或包衣质量不好,容易造成出苗不好或出苗后因种皮不能脱落,致使子叶无法张开。为了提高大豆种子包衣质量,由黑龙江省农副产品加工机械化研究所起草制定了《种子包衣操作技术规程》(DB23/T823),该标准规定了种子包衣的准备工作、操作技术要求、操作步骤和方法、安全操作注意事项和包衣种子的质量指标等。该标准适用于离心式、喷雾式种子包衣机,其他型号的种子包衣机可参照执行,但不适用于种子拌药机。该标准规定在包衣前大豆种子需干燥、清选,使种子净度不低于98%,水分不大于12%,温度不低于作业环境温度(作业环境温度不低于10℃)。包衣种子质量要求达到表4-1所列标准。该标准还规定了包衣种子贮藏的稳定性指标,包衣种子在规定的贮藏期内,种子发芽率不应低于相同贮藏条件的不包衣种子。种衣剂药效及表4-1规定的脱落率应保持不变。

表4-1　大豆包衣种子质量要求　(%)

作　物	包衣合格率	脱落率	破碎率增值	皱皮(有、无)
大　豆	≥95	≤1.0	≤0.2	无

四、大豆标准化生产的除草剂选择

大豆田化学除草应重视除草剂品种和配方的选择,不能损害经济效益、生态效益、社会效益,做到合理使用除草剂。

大豆标准化生产田化学除草，可采用播后苗前土壤封闭和苗后茎叶处理两种方法，但应以苗后除草为主，能减少农药残留，减少环境污染，有利于大豆标准化的安全生产。具体方法：播后苗前土壤封闭除草，可每公顷用 90%禾耐斯或 90%乙草胺 1 200 克，或 72% 都尔 2 250～3 000 毫升＋70% 赛克 525～600 克喷雾防治。苗后除草时，防治禾本科杂草可用拿捕净、威霸、精禾草克、精稳杀得、高效盖草能，这些药剂对大豆均安全。防治阔叶杂草可选用虎威、苯达松、杂草焚、克莠灵等药剂。禁止使用残效期长的除草剂普施特、豆黄隆、广灭灵等。

（一）几种难治杂草的防除方法

1. 鸭跖草　秋施，春季播前施药，播后苗前施药（施药最好浅混土或培土 2 厘米），可利用的除草剂如下：75%宝收每公顷 15～25 克，或 72%都尔每公顷 2 500～3 500 毫升。

2. 苣荬菜、刺儿菜、大刺儿菜（大蓟）　深翻整地，可消灭 70%～80%此类杂草。通过整地把苣荬菜地下根茎切成小段，易于用除草剂防治。前茬小麦用 2，4-滴丁酯＋百草敌（或巨星、宝收）防治，或大豆田收割前可用 2，4-滴丁酯防治。大豆播前或播后苗前可采用的除草剂：75%宝收每公顷用 30～40 克。

3. 问荆　深翻整地，可消灭 70%～80%。通过翻耙整地可把问荆地下根茎切断，易于用除草剂防治。轮作时，前茬小麦田用 2，4-滴丁酯灭草。大豆苗后，可用 25%虎威（氟磺胺草醚），每公顷用 1 500 毫升。

4. 芦苇　通过翻耙整地把芦苇地下根茎切成小段，易于用除草剂防治。大豆苗后芦苇 40～50 厘米高时，每公顷用

15%精稳杀得 2 000 毫升，或每公顷用 5%精禾草克 2 000 毫升，或每公顷用 10.8%高效盖草能 1 000 毫升喷雾防治，或每公顷用 15%精稳杀得加 8 倍的水稀释，用涂抹施药法除草。

（二）几种除草剂的使用标准

除草剂的使用可以减轻劳动强度，提高生产效率，有利于大豆标准化高效生产。但使用除草剂时，除了要慎重选择除草剂的种类外，还要根据除草剂的具体使用标准做到适时、适量喷药，这样才能达到既生态、安全，又增产、增效的目的。否则，喷施过量容易造成药害或残留超标；喷施过少，达不到预期除草效果。

1. 48%氟乐灵乳剂 大豆播种前 5～7 天，用 48%氟乐灵乳剂处理土壤，可以杀死马唐、稗草、狗尾草、马齿苋、苋菜等杂草。施药后 2 小时内要及时耙地混土。用药量因土壤有机质含量多少而定。有机质含量在 3%以下，每公顷用药 1 200～1 650 毫升；有机质含量在 3%～5%，每公顷用药 1 650～2 100 毫升；有机质含量在 5%～10%，每公顷用药 2 100～2 625 毫升。加水 750～1 125 升，喷洒。土壤有机质含量在 10%以上，不宜采用氟乐灵除草剂。

2. 48%地乐胺乳油 大豆播种前 5～7 天，用 48%地乐胺乳油处理土壤，可以防除禾本科杂草及小粒种子的阔叶杂草。施药后要混入 5～10 厘米土层内，并镇压保墒。不同土壤上的用药量不同。轻质土每公顷用药 2 250 毫升，中质土为 3 450 毫升，重质土为 4 950～5 625 毫升。不同墒情用药量也有所不同，墒情差时，用药量要适当加大。

3. 86%灭草猛乳油 灭草猛对大豆安全，但 48%氟乐灵乳油 975 毫升与 86%灭草猛乳油 1 950～2 475 毫升播前混土使用，收效更佳。喷药后立即尽早地混入土内，以防挥发与光解。如果灭草猛单独使用，要考虑土壤质地。轻质土每公顷用药 2 625 毫升，中质土为 3 375 毫升，重质土为 3 975 毫升。灭草猛的防除对象是：稗草、马唐、狗尾草、野燕麦、石茅、香附子和牛筋草、马齿苋和鸭跖草等一年生禾本科杂草和部分阔叶杂草。

4. 50%乙草胺乳剂 大豆播种后出苗前，每公顷用 50%乙草胺乳油 1 050～1 500 克，加水 750～1 125 升，喷洒在土壤表面，封闭杀草，可防止稗草、狗尾草、马唐、蟋蟀草、鸭跖草、菟丝子和牛繁缕等杂草。土壤有机质含量低、低洼地、沙质土，用药量应低些；反之，用药量高些。喷洒要均匀，不重喷、不漏喷。

5. 43%拉索乳剂 大豆播种后出苗前，每公顷用 43%拉索乳剂 3 750 克，加水 750～1 125 升，喷洒在土壤表面，可杀死稗草、马唐、狗尾草、鸭跖草、藜和马齿苋等杂草。

6. 50%利谷隆可湿性粉剂 大豆播种后出苗前，每公顷用 50%利谷隆可湿性粉剂 2 250～3 000 克，加水 750～1 125 升，喷洒在土壤表面，喷药后要轻耙。一次施药，即可长期控制稗草、马唐、藜、苋菜、蓼、鸭跖草和刺儿菜等杂草的危害。

7. 35%稳杀得乳剂 大豆出苗后，在禾本科杂草 2～5 叶期，每公顷用 35%稳杀得乳剂 375～675 克，加水 750～1 125升，在杂草茎叶上喷雾，可杀死稗草、马唐、狗尾草、野燕麦、看麦娘、狗牙根和宿根高粱等。杂草小时，用药量低些；杂草大时，用药量高些。

8. 48%苯达松乳油 当大豆生长至 1～3 片复叶、杂草 2～5 叶期，用 48%苯达松乳油，每公顷 1 500～3 000 克，加水 300～600 升喷雾，可杀死阔叶杂草如苍耳、苋菜、刺儿菜、藜、龙葵、鸭跖草和豚草等。遇水涝和干旱时不宜施药，用药后 8 小时内应无雨。

9. 20%拿捕净乳剂 大豆生长期间，当禾本科杂草长至 2～5 片叶时，每公顷用 20%拿捕净 975～2 025 克，加水 600 升，在杂草茎叶上均匀喷雾，可杀死稗草、狗尾草、马唐和狗牙根等杂草。2～3 叶期的一年生杂草，用低剂量(975 克)；4～5 叶期的多年生杂草，用高剂量(2 025 克)；一般剂量为1 500 克。水田改旱田种大豆，尤应采用拿捕净除草。

10. 40%地乐胺乳油防大豆菟丝子(俗称“黄丝”) 每公顷用 40%地乐胺乳油 100～150 倍液 300～450 千克。在大豆长出第四片复叶以后、当菟丝子转株危害时(图 4-1)喷施在大豆植株上，即可杀死大豆菟丝子。

图 4-1 大豆菟丝子对大豆的危害

五、基肥施用标准化

(一)基肥的作用

基肥也叫底粪,是在秋翻或播种前进行施用的肥料。基肥以有机肥(农家肥)为主,适当配合化学肥料。有机肥是完全肥料,它不但含有氮、磷、钾三要素,而且含有钙、镁、硫、铁和各种微量元素,以及刺激植物生长的某些特殊物质,例如胡敏酸、维生素、生长素和抗生素等。有机肥含有大量的有机质,能改善土壤性质,提高土壤保水、保肥能力,促进土壤微生物的活动,增加土壤养分。同时由于微生物的活动,产生一些有机酸等物质,促进土壤中难溶性无机盐类加速转化,变成作物易于吸收的养分,从而提高土壤养分的有效性。有机肥料的肥效长而稳,有利于保证大豆整个生长过程所需要的养分供应。有机肥料种类多、来源广、成本低、数量充足,肥效持久,所以,施用有机肥是一项简便易行,具有培肥改土,保证大豆标准化高产高效生产的重要措施。生产实践表明,大豆施用基肥的增产效果为10%~25%,特别在低产地块中施足基肥,大豆可大幅度增产。有机肥配合磷肥作为基肥施用,效果也很显著。

(二)基肥的施用方法

在生产无公害大豆或A级绿色食品大豆时,提倡施用农家肥料,限量使用限定的化肥。因此,如何合理施用充分腐熟的有机农肥,在大豆标准化生产中显得十分重要。有机农肥一般作为基肥施用,标准的施用方法视土壤翻耕和整地的方法不同而不同，一般可分为耕地施肥、耙地施肥和条施三种。

耕地施肥是在翻地或犁地前，把有机肥均匀撒施于地面，经过翻地(犁地)翻入土壤中，与耕层土壤混合。耕地施肥的优点是肥料翻入土层的部位，恰好相当于大豆根系密集区，便于大豆在各个生育时期吸收利用，同时也为大豆创造了疏松而深厚的耕层。耕地施肥时土壤的翻耕深度一般为15～20厘米。耕地施肥一般在大豆播种面积大，一年一熟制地区采用。比如，东北地区扣种大豆的施肥和秋翻秋施肥都属于这种方法；另外，深翻地的施肥有的也采用此法。

耙地施肥是先将基肥均匀地撒于地面，通过圆盘耙细致的耙地，把基肥耙入10厘米以内的土层中，与土壤充分混合。耙地的机具多为圆盘耙或灭茬耙，耙地的方法可以采用纵横交叉耙法，做到细致耙地，土肥相融。耙地施肥适于一年两熟制或一年多熟制地区，这些地区由于抢种下茬作物，整地时间较匆忙，在种大豆前一般不耕翻地而采用耙地施肥。例如，黄淮夏大豆产区和南方秋大豆产区多采用耙地施肥法。

条施基肥是把少量的基肥集中施在播种沟下面，使大豆根系能充分地吸收利用养分，既能保证幼苗生长良好，也能在大豆生育后期陆续供给大豆生长需要的养分。这种施肥法的优点是肥料集中，肥效较高。该方法一般适于小面积种植户采用。

(三)基肥的种类和施用量

可作为基肥施用的有机肥料种类很多，如厩肥、堆肥、腐熟草炭、绿肥、土杂肥等。厩肥是家畜粪尿和各种垫圈材料混合积制的肥料。在北方多用土垫圈，故又叫土粪。在南方多用秸秆垫圈，统称厩肥。厩肥的成分因家畜种类、饲料优劣、垫圈材料和用量以及其他条件的不同而有差异。研究表明，每吨厩肥平均含氮(N)约 5 千克，五氧化二磷(P_2O_5)2.5 千克，氧化钾(K_2O)约 6 千克。新鲜厩肥中的养分主要为有机态，植物大多数不能利用。因此，新鲜厩肥一定要经过一段时间堆积，待腐熟后，才能施用。厩肥与化肥不同，一般具有较长的肥效，而且厩肥中因含有大量的有机质，常年或隔 1～2 年大量施用后，土壤中可积累较多的腐殖质，不仅改良了土壤结构，而且对提高土壤肥力，促进低产田土壤熟化，起到积极作用。厩肥的用量主要取决于土壤肥力水平和厩肥的类型，根据各地经验，一般施用量为每公顷 22.5～52.5 吨。

堆肥可分为普通堆肥和高温堆肥两种。普通堆肥混土较多，发酵时温度较低，腐熟过程中，堆中温度变化不大，因而堆制时间较长。高温堆肥是以纤维素多的原料为主，加入适量的骡马粪和人粪尿，发酵的温度较高，有明显的高温阶段，所以，堆肥的时间较短，对促进堆肥物质的腐熟及杀灭其中的病菌、虫卵和杂草种子，均有一定作用。堆肥的养分含量因堆肥原料和堆制方法等的不同有所差别，它的肥效与厩肥相似，施用时一般用作基肥。一般用量每公顷为 22.5～52.5 吨。

(四)厩肥的标准化堆制和使用

新鲜厩肥需经过一段时间堆积腐熟才能使用，积制过程以保氮为中心。一是要定时垫圈，及时起圈，选择细土或碎柴草作为材料，用土垫圈时，粪土比例 1∶3～4。二是已腐熟好的厩肥备用时，应压紧堆放，并用泥封好。三是忌用草木灰等碱性材料垫圈，防止氮素挥发。厩肥的腐熟应于早春时，选择背风向阳地点堆积，并在表面封上泥土进行腐熟。腐熟好的标准为：颜色为褐色或灰褐色，发酵物温度降至 35℃以下，无臭味，有淡淡的氨味。腐熟后要做到早倒粪、早送粪，为抢墒播种创造条件，避免生粪下地，防止“生粪咬苗”。腐熟后的厩肥可作为种肥、追肥以及播前基肥；在沙质土壤上应选用腐熟程度较差的厩肥，每次不宜量多，要深施；在黏重土壤上应选用腐熟程度较好的厩肥，每次用量可多些，但要浅施。

（五）高温堆肥的标准化堆制和使用

夏季在背风向阳处挖长方形土坑，深 100 厘米，大小视堆腐材料多少而定，取出的土在坑边做埂，高出地面 70～100 厘米。在坑底挖深和宽各 20 厘米的“十”字通气沟，接上坑壁至地面。并用秸秆在其上纵、横各铺一层，保持通气沟与地面空间流通。堆制材料配比为：秸秆 500 千克，骡马粪 300 千克，人粪尿 100～200 千克，水 800～1 000 升。将秸秆切成 5～6 厘米长，铺 60～70 厘米厚的长方形堆，把各种材料均匀撒入秸秆堆中，然后从一侧边扒堆边浇水，充分拌和，将拌好的材料放入坑中，高至土埂，用土封严。一般几天后堆温可达 70℃以上，待堆温降后破堆，将材料充分翻倒，重新堆积，一般翻倒 3～4 次，30 天左右便可腐熟备用。

堆肥是利用秸秆、杂草、垃圾等原料加上一定比例的人粪尿、骡马粪和土等，在微生物作用下经过堆制发酵而成的肥料，含有大量有机质，适合于各种作物和土壤施用。

第五章　大豆标准化生产的栽培管理技术

一、播种标准化

(一)播期标准化

大豆要获得高产,保苗很关键,在适宜的播种期播种对保全苗是十分必要的。在大豆种植面积较少的地区,不少农户不重视大豆生产,大豆播种期忽早或忽晚,造成大豆既不高产也不稳产。大豆播种太早,容易受低温冷害的影响,造成种子腐烂而缺苗断条;播种过晚,容易因植株营养生长期太短,干物质积累少而减产。

大豆播种地温标准为 8℃,即当春天地温稳定通过 8℃时,就可开始春播大豆的播种。除低温之外,土壤墒情也是限制播种早晚的重要因素。东北地区播种时间标准为:黑龙江省自 4 月 25 日至 5 月 20 日,吉林省自 4 月 20 日至 5 月 5 日,辽宁省自 4 月 20 日至 5 月 10 日。一个地区、一个地点的大豆具体播种时间,需视大豆品种生育期的长短、土壤墒情而定。早熟些的品种可稍晚播些,晚熟些的品种宜早播;土壤墒情好些,可晚些播,墒情差些,应抢墒播种。

播种质量的优劣会严重影响大豆植株的生长发育,最终影响籽粒产量。因此,一定要严把播种质量关,机械播种时要求达到如下标准:总播量误差不超过2%,单口排量误差不超过3%。播种均匀,无断条(20厘米内无籽为断条)。行距开沟器间误差小于1厘米,往复综合垄误差小于5厘米。播深3~5厘米,覆土一致,播后及时镇压。

(二)种植密度

和其他作物一样,大豆要获得高产,就要考虑群体和个体的协调发展。因此,为使大豆标准化能高产高效,必须根据品种特性和土壤肥力状况进行合理密植。栽培水平比较落后的地区,农户一般比较惜苗,不愿意间苗,造成密度过大,产量不高,品质不良。近年来,有些虚假种子广告,盲目夸大大豆单株的生产潜力,致使有些农户进行了不合理的稀植,个别的种植密度只有6万株/公顷,最终产量很低,没有达到应有的效益。大豆种植密度是有标准可循的,土壤肥力、品种特性、气温以及播种方式等因素的差异均会使密度标准发生变动。因此,应按如下原则来确立标准的种植密度:肥地宜稀,薄地宜密;晚熟品种宜稀,早熟品种宜密;早播宜稀,晚播宜密;气温高的地区宜稀,气温低的地区宜密。另外,在同一地点大豆因品种的株型不同,适宜种植密度也要调整。植株高大、分枝型品种宜稀;植株矮小、独秆型品种宜密。东北地区大豆标准化生产的保苗范围为:黑龙江省中、南部每公顷保苗19.5万~30.0万株,北部每公顷则需保苗34.5万~39.0万株。吉林省的肥地,每公顷保苗16.5万~19.5万株,肥力中等地块每公顷保苗19.5万~24.0万株,薄地每公顷则需保苗24.0万~30.0万株。辽宁省中部一般每公顷保苗15.0万~18.0万株,东部降雨多、土壤较肥沃,每公顷适宜保苗数为12.0万~15.0万株,而西部地区降雨较少且土壤较瘠薄,每公顷株数多在 18.0 万株或更多些。

(三)植株田间配置

大豆要高产必须“正其行,通其气”,才能保证群体内有充足的光照和二氧化碳供应,增加群体的物质生产能力,因此,适当的田间配置,可以改变大豆植株的田间受光态势,提高大豆叶片的物质生产能力,增加产量,改善品质,有利于实现大豆标准化前提下的高产、高效、优质生产。有些偏僻地区的农户,还在采用“稀稀拉”的播种方式,使大豆植株在田间的配置极不合理,自然不可能达到优质、高产、高效的目标。

在种植密度相同的条件下,植株田间的配置方式对群体结构有较大的影响。在高肥水条件下,实行穴播栽培,由于穴播使间距加大,封垄期推迟,冠层内的黄枯叶减少,可以提高光能利用率,增加产量。在密度相同的情况下,等距穴播比条播可增产 4.0%～14.6%,增产的原因是单株荚数的提高。在种植密度一致时,“三垄”栽培法双条精量点播比单条播增产 14.3%。以下是与种植密度和植株田间的配置方式有关的高效栽培模式。

1. “三垄”高效栽培模式 大豆“三垄”栽培技术是以垄底深松、垄体分层施肥和垄上精量播种三项技术为核心的大豆综合高产栽培技术。黑龙江省八一农垦大学采用农机与农艺相结合多学科联合攻关,于 1985 年研制成功“三垄耕种机”,该机具能够将播种、施肥、深松作业一次完成。大豆“三垄”栽培技术能改善土壤耕层结构,扩大土壤容量,促进土壤的通透性,提高地温,进而协调了水、肥、气、热的关系,促进大豆根系的生长;能增加绿色面积,提高光能利用率。垄上双条精播,可使植株分布匀度更佳,克服了以往条播出苗不匀的现象;分层施肥可以提高肥料利用率,改变原来浅施肥的做法,发挥施肥部位效应,使大豆根系接触肥料的面积增加,保证了大豆花荚期对养分的需求,起到防止植株早衰的作用。“三垄”栽培模式适宜在低湿地区、土壤冷凉和土壤含水量较高地区应用。在风沙、干旱、年降水量较低地区不宜采用此项模式。

“三垄”高效栽培模式的技术要点如下。

(1)伏秋整地、秋起垄　“三垄”栽培技术由于采用精播,对整地质量要求很高。要做到伏秋精细整地,深松起垄,垄向要直,垄宽一致,一般垄宽 60～70 厘米,耕层土壤细碎、平整;第二年春天在垄上直接播种。整地和播种也可在春季完成。

(2)分层施肥　播种时将肥料施在两行苗的中间部位。施肥量大时,第一层占施肥总量 30%～40%,施于种下 4～5 厘米处;第二层占施肥总量的 60%～70%,施于种下 8～15 厘米处。在施肥量偏少的情况下,第二层施于种下 8～10 厘米处即可。

(3)品种选择与合理密植　选用喜肥水、秆强抗倒的品种。播种密度依据地区、施肥水平和品种特性确定,东北北部地区通常每公顷保苗在 22.5 万～30 万株之间。

(4)配套耕播机具　大功率拖拉机牵引的有 2BTGL-12 型,中型拖拉机牵引的有 2BTGL-6 型和 LFBT-6 型,小型拖拉机牵引的有 2BTGL-2 型和 2BT-2 型。

2. 窄行密植高效栽培模式　随着除草技术的发展和抗倒伏新品种的育成,出现了窄垄密植的栽培方式。窄垄密植的技术关键是:矮秆、半矮秆抗倒伏的大豆良种;窄行高密度种植;化学除草免耕种植;配套的肥水调控技术等。窄垄密植方式比常规栽培体系增产 23.4%～24%。我国大豆窄行密植栽培技术是结合黑龙江省的自然特点、生产条件，在吸收、消化、利用国外大豆窄行密植技术的基础上，以矮秆品种为突破口，吸收大豆深松与分层施肥栽培技术而逐步形成的大豆新型栽培技术，一般比“三垄”栽培模式增产15％以上。大豆窄行密植栽培技术包括平作窄行密植（平窄密）、大垄窄行密植（大垄密）和小垄窄行密植（小垄密、小双密）三种模式。在目前条件下，平作窄行密植适于机械化水平高、化学除草技术好和地多人少的地区；大垄窄行密植适于热量资源较为丰富、土壤肥力较高和栽培管理较为细致的地区；小垄窄行密植较适宜于土壤肥力低和较为冷凉的地区。窄行密植高效栽培模式的技术要点如下。

(1)选用矮秆、半矮秆抗倒伏品种　适合窄行密植的品种有红丰11号、合丰25号和北丰11号等。

(2)深松土壤　大豆窄行密植栽培技术对土壤耕层要求较为严格，它需要一个良好的土壤耕层条件，要达到耕层深厚，地表平整，土壤细碎。有深翻、深松基础的地块，可进行秋耙茬，耙深12～15厘米，以耙平耙细为宜。土壤耕作以深松为主，可采用ISQ-250型全方位深松机或用大犁改装的深松机。要求打破土壤犁底层，深松深度要达到25～30厘米，耕层以下6～15厘米，要求深浅一致，不得漏松。“平播”栽培可在秋整地的基础上达到播种状态。“大垄密”和“小垄密”则应在秋整地的基础上起垄，进行秋翻起垄或耙茬深松起垄。“大垄密”可用做台机打成90～140厘米的大垄，垄高15～18厘米，垄体压实后垄沟到垄台的高度为18厘米。“小垄密”可用普通起垄机起垄打45厘米的小垄，起垄后镇压，达到待播状态。

(3)合理施肥　大豆窄行密植要实现高产，必须增加肥料的投入并合理施用。中等肥力地块，有机肥施用量在20吨/公顷以上，化肥要氮、磷、钾合理搭配，施用量要比常规垄作增加10%以上，分层深施于种下5厘米和12厘米，并在花期喷施叶面肥。叶面施肥可在大豆开花初期与结荚初期各施一遍，可用尿素5～10千克加磷酸二氢钾3千克，对水500～600升喷施。

(4)必须搞好化学除草　由于窄行密植生育期间田间作业困难，因此必须搞好播前或播后苗前的化学除草，要根据当地杂草群落，选择效果好、污染小的除草剂，严格技术标准，实现一次性的彻底除草，以防草荒。

(5)选用适合的播种机械进行精量播种　播种密度要依据土壤、品种和行距等情况确定。一般播种密度可为每公顷45万株左右。各方面条件优越、肥力水平高的，要降低10%的播量；整地质量差、肥力水平低的，要增加10%的播量。播种方式可分为以下三种。

①"平播"　土壤条件较好的可采取平播，平播行距30～35厘米，双条精量点播，即行距平均为15～17.5厘米，株距为11厘米，播深3～5厘米，以气吸式播种机，一次完成作业为最理想。可采用24行播种机或John Dee公司生产的联合播种机，也可采用东北农业大学研制的依靠小四轮驱动的1.4米精量点播机。

②"大垄密"　在低洼地可采取宽台窄行密植。即把原先70厘米或65厘米的垄，二垄合一垄，成为140厘米或130厘米的垄，垄上双条播，即6行。也可依据当地实际情况，采取20厘米、30厘米的单条播。三垄变二垄的垄距为90～105厘米的大垄，用海伦农机修造厂等生产的垄上四行播种机进行播种；二垄变一垄的垄距为130～140厘米的大垄，用桦川的

桦丰 2BKM-IB 型大垄窄行专用播种机垄上播种 6 行。

③"小垄密" 在 45 厘米的垄上双条精量点播，该栽培模式的种植密度是"三垄"栽培模式的 1.5～2 倍，即将"三垄"栽培种植密度 27 万～30 万株/公顷改为 45 万～60 万株/公顷。黑龙江省八一农垦大学研制成功了"小垄密"栽培法的专用播种机，机型有 2BJXM-3、2BJXM-9、2BJXM-11 和 2BJXM-13 型，匹配机车动力为 15～160 马力。

土壤生产条件较好的条件下，可采取"平播"法，或"小垄密"播法，在低洼地、雨水较多地区可采用"大垄密"播法。

总之，在大豆标准化生产中，无论是何种种植模式，都必须与品种特征特性和当地自然条件相结合，选择适宜的植株田间配置方式和相应的调控技术，才能充分发挥品种的增产潜力，实现大豆标准化高产高效的生产目标。

二、苗期管理标准化

大豆生育期间加强苗期管理，确保苗全苗壮，是大豆高产稳产的前提。为此，间苗、借苗和补苗工作也是大豆标准化技术中实现高产稳产的重要措施之一。

(一)间苗标准

间苗应在大豆齐苗后，从两片对生真叶展开到第一片复叶全部展开前进行。间苗时，要按规定株距留苗，拔除弱苗、病苗、杂苗和小苗，同时剔除苗眼草，并结合第一次中耕，进行松土培根。

(二)借苗标准

由于大豆的生长发育具有很强的自动调节能力,在大豆群体中,因种种原因造成缺苗断条时,在缺苗的地段,大豆单株生长相对繁茂些,以补偿缺苗处的生长量。但如果缺苗较多,超出了大豆的自我补偿能力,则会造成减产。在间苗时,如果遇到断空的地方,可在断空的一端或两端“借苗”,补种1～2 株苗,以增加大豆群体的补偿能力,保证群体能形成高额的生物产量和经济产量。

(三)补苗标准

在大豆生产中,由于播种质量差、苗期病虫危害严重或自然条件恶劣,有时会出现较严重的缺苗断条现象,不能通过借苗解决问题的情况。遇到这种情况,必须进行补苗或补播。一般做法是,在播种时适当在边垄和地头多播一些种,或在垄沟中播一些种,长成的幼苗用来补苗。如果没有准备足够的幼苗作为补苗,可以采取补播的办法,即补播头一天傍晚用水浸种,补播时宜适当增加播种密度。若补播早,可以用同一品种,否则必须用生育期较短的品种。值得注意的是,补苗时应带土移苗,移栽深度应与幼苗移栽前生长的深度相一致。补苗后或补播后都应及时浇水,以增加成活率。

(四)苗期土壤深松与中耕除草

在人工或机械除草前,有深松条件的地区最好进行垄沟深松,深度 20～25 厘米。中耕除草一般采用三次铲耥法,第一遍在豆苗出齐后进行,第二遍在大豆高 10 厘米时进行,第三遍在大豆初花期进行。并在 8 月上旬草籽形成前拔一遍大草。

三、水肥管理标准化

(一)大豆的需水需肥特性

1. 大豆的需水规律 大豆是需水较多的作物,每形成1克干物质需要消耗600～1 000毫升水分,比小麦、玉米、高粱、谷子、甘薯等作物都高。大豆全生育期的耗水量与产量的关系极密切,在一定范围内产量随耗水量的增加而增加。每形成1千克大豆籽粒,田间的水分消耗标准为1.95～2.30吨,即大约2吨水可生产1千克籽粒。大豆产量与生育期间的田间耗水量呈极显著的正相关。但若降水量和灌溉量超出一定范围,反而会因土壤水分的继续增加,产量增加的速度渐渐减慢,以至停止。大豆的耗水量与产量的关系是一种曲线关系。春大豆不同生育时期的耗水量标准是不同的,从初花到鼓粒中期是大豆吸水速度最快、耗水最多的时期,开花之前及接近成熟时耗水较少(表5-2)。

大豆耗水包括土壤蒸发和植株蒸腾,自真叶展开至鼓粒末期,一般单株大豆的总耗水量为24.64升。

大豆一生中不同生育时期的耗水量因植株生育的进程、植株大小、群体长势不同而有很大的差异,春大豆开花结荚期平均日耗水量最大。夏大豆各生育时期的耗水量与春大豆有所不同。夏大豆分枝期耗水最多,这一阶段的日耗水量也最大,达4.48毫米·日$^{-1}$,开花结荚期和鼓粒期的日耗水量则分别为3.92毫米·日$^{-1}$和2.61毫米·日$^{-1}$。说明,夏大豆耗水量多的时间,与春大豆相比偏早一些。

2. 大豆的需肥规律 大豆标准化生产时,施肥管理是十分重要的环节，也是实现优质高效生产的关键之一，因此，必须按大豆需肥规律来进行合理施肥才能实现效益最大化。

大豆需要矿质营养的种类全，且数量多。大豆根系从土壤中吸取氮、磷、钾、钙、镁、硫、氯、钼、锰、锌、硼、铁、铜等十余种营养。大豆是需肥较多的作物，在田间标准生产条件下，大豆植株每生产 100 千克籽粒及其相应的茎叶，将要从土壤中吸取 6.27～9.45 千克氮（N），1.42～2.6 千克五氧化二磷（P_2O_5）和 2.08～4.9 千克的氧化钾（K_2O）。

大豆对养分的吸收与积累和其他禾谷类作物不同。与水稻相比，大豆对养分的吸收有两个特点：一是开花始期对氮、磷、钾三要素的吸收量只占吸收量最高时期的 1/3 到 4/1，直到结荚期养分吸收才达到最高点。说明大豆的营养生长和生殖生长在很长期间是并行的。二是大豆茎叶中的氮、磷、钾转移率较低。水稻在开花后，可将此前积累在茎叶中 60%～70%的氮、磷营养转移到穗部。大豆荚粒的氮、磷营养总量中从茎叶转移来的数量所占的比率，明显比水稻少，只占40%～50%。由此说明，大豆荚中所含的氮、磷有很大部分是在成熟过程中由根部供给的，可见大豆标准化生产中要注意对大豆植株生育后期的营养供应。

大豆形成大量的蛋白质和脂肪需要大量的营养物质，在大豆营养生长和生殖生长交错进行期间，如何使养分的分配既能保证营养生长健壮的同时，又能满足生殖生长的需要是提高大豆产量和品质的关键。

禾谷类作物以及不结根瘤作物的氮素来自于土壤和肥料，而豆类作物则有三种氮源：土壤氮、肥料氮和共生固氮。对于大豆来说，肥沃的土壤、适度的施氮和有效的根瘤共生固氮都是获得高额产量所必需的。

大豆植株的根瘤内有能够进行共生固氮的根瘤菌。根瘤菌对大豆的影响可以从两方面看：一方面根瘤菌能够固定空气中的氮素，其中一部分供给大豆利用；另一方面由于氮素化肥会抑制根瘤菌的固氮作用，导致在大豆施用氮素化肥后，其增产效果远不如禾谷类作物显著，有时甚至出现施肥不增产的现象。

在大豆的生育过程中，一般每公顷土地中的根瘤菌能从空气中固定氮素（N）45～67.5 千克，高的可达 97.5～157.5 千克，供给大豆吸收利用。在一般的生产条件下共生固氮能提供大豆整个生育过程中对氮素需要量的 20%～30%，是一个十分重要的氮素来源。特别是大豆的产量水平越高，由根瘤获得的氮素的比例越大。生产实践也证明，根系发达，根瘤多而大，则植株高大繁茂，健壮而不徒长，大豆就高产优质。

大豆是需磷较多的作物，随着大豆产量的提高，吸收磷的量几乎成比例增加。大豆生育早期可利用种子中的磷。随着植株生长发育，植株中磷的含量逐渐增加，至结荚鼓粒期达到高峰，以后在植株中的含量保持平稳或略有下降。大豆植株吸收磷素的一般比例为：出苗期至初花期吸磷量仅为总量的 15%，开花结荚期吸收相应比例达 60%，结荚至鼓粒期吸收量为吸收总量的 20%，在鼓粒后期则很少吸收磷素。大豆苗期至开花期，对磷素最敏感，此期缺磷则生育不良，即使在生育后期供应充足的磷素也很难恢复。

大豆体内钾的含量，比较集中分布在幼嫩组织中，以幼苗、生长点及叶片中较高。大豆植株对钾的吸收主要在幼苗期至开花结荚期，在出苗后第八至第九周植株对钾素的吸收达到高峰。大豆结荚期和成熟期钾的吸收速度降低，主要是茎叶中的钾向荚、粒中转移。

微量元素在土壤和植物中含量极少，仅为十万分之几。尽管微量元素在植物体内的含量低，但由于它们在植株体内常常是酶、维生素等的组成部分，具有很强的专一性，是植物体内一切有机物质形成与转化作用的直接参与者，是代谢过程的调剂者。微量元素能够增加植株体内各种酶的活性，增强植株的抗病性，促进新陈代谢，因而，施用微量元素肥料会加速植株的生长发育，提高产量，改善品质。当缺少某一种微量元素时植株生长发育受到抑制，导致减产和品质下降，甚至颗粒无收。

（二）大豆标准化灌溉

1. 灌溉的依据 大豆标准化高效生产宜根据大豆对水分的要求、土壤水分状况及天气情况进行合理灌溉。适时适量灌溉可以提高水分利用效率，保证大豆正常生育，获得高额的产量。

（1）土壤含水量 土壤水分状况是决定是否需要灌溉的重要依据。一般将凋萎湿度作为土壤有效含水量的下限；田间持水量作为土壤有效含水量的上限。如果土壤含水量在凋萎系数以下时必须及时灌溉。

（2）大豆的生理指标 一般而言，植株体内的含水量在75％以上时，生育状态正常。当含水量降到59％～64％时植株凋萎，开花数减少，落花落荚明显增加。夏大豆（品种：丰收黄）初花期植株含水量在77.9％时生育正常，含水量为74.5％时，植株出现旱象，需要灌溉。随着生育进程，大豆植株体内相对含水量有下降的趋势。因此，不同生育阶段，适宜灌溉的生理指标也是不同的。另外，叶片吸水力、气孔开张度等都可作为灌溉的依据。若几项生理指标同时测定，并与植株长相相结合，以确定适宜的灌溉时期，则更为理想。

(3)自然降水　自然降水与大豆需水完全吻合的机会是很少有的。据我们对辽宁省新民市大豆需水和降水分布的分析结果表明，当地枯水年(如 1992 年)大豆生育期间降水只能保证每公顷生产大豆籽粒 2 448 千克；雨量充沛年(如 1991 年)虽然降水能保证每公顷生产大豆 5 571 千克，但是由于各地降水分布不均，大豆每公顷产量仍在 2 400 千克左右。辽宁省大豆欲获得每公顷 4 500 千克的籽粒产量，必须有灌溉条件。小兴安岭西南的赵光地区，以大豆每公顷产量 1 950 千克计，分枝以前和鼓粒以后，当地自然降水的保证率为 80%，而开花结荚期的保证率只有 60%。

高温多雨季节也有短暂的干旱天气，应及时灌溉。特别是大豆结荚鼓粒期，需水最多、最关键，因此，即使有短暂的干旱也会造成大幅度减产。

决定灌溉的同时还应考虑灌溉后是否会连续降雨形成涝害；灌溉后是否会因大风而出现植株倒伏等。

2. 灌溉的时期和效果　人豆不同生育时期进行的生理生化代谢不同，所需要的水分也不同，缺水造成的危害程度也不一样。所以，不同生育阶段灌水的效果也不一样，而大豆标准化生产过程是一个追求资源效益最大化的过程。合理灌溉就是要根据大豆各生育时期需水标准，进行适时适量补充水分，充分满足大豆生长发育对水分的需要，达到标准化生产高产优质目标。

(1)播前灌溉　大豆籽粒大，蛋白质和脂肪含量高，发芽需要吸收的水分多，相当于自身重量的 120%～140%水分。因此，土壤墒情不好，即使播种质量高，也会造成出苗不全不齐，影响群体发育，降低产量。在干旱地区或播种前土壤墒情不好的地区，播前灌溉坐水种植可以保证大豆发芽对水分的要求，做到苗全苗齐苗壮，为建立高产合理的群体结构奠定基础。

（2）幼苗期灌溉　大豆幼苗期需水较少，若土壤湿度过大，易使幼苗节间伸长，不抗倒伏，或结荚部位高，坐荚少，产量低。大豆幼苗期一般不宜灌溉，应适当蹲苗以促进根系下扎。夏大豆由于幼苗期温度高，蒸发量大，遇旱可小水灌溉。

（3）分枝期灌溉　分枝期营养生长开始进入旺盛阶段，大豆对水分的要求也逐渐增多，保持适宜的土壤水分，才能促进分枝生长和花芽分化。但分枝期灌溉灌水量宜小不宜大。

（4）开花结荚期灌溉　开花结荚期是大豆生长最旺盛的时期，耗水量已达到最高阶段，大豆对水分的需要量大而迫切。春大豆区，自7月中旬至8月中下旬，正值大豆开花结荚期，也是多雨季节，但仍常发生轻重不同的水分亏缺。此期遇旱灌溉可增产10%～20%，旱情严重时灌溉则可增产50%或更高。夏大豆开花结荚期遇旱灌溉，增产幅度可达32%～45%。此期灌水量宜大，每次每公顷灌溉的用水量为600～675立方米。

（5）鼓粒期灌溉　结荚鼓粒初期需水量达到高峰，此后需水量虽然渐渐减少，但对水分却更加敏感。鼓粒前期遇旱将会影响籽粒正常发育，导致单株荚数和粒数下降。鼓粒中后期缺水，粒重明显降低。只有适宜的土壤水分，才能提高结实率，增加荚数、粒数和粒重，提高产量，保证品质。鼓粒期灌溉比花期灌溉增产13.2%。不同品种对灌溉的反应不同，有的品种灌溉后增产幅度大，而有的增产幅度较小。

3. 大豆的耗水量和灌溉标准　根据黑龙江省友谊农场的测定，大豆各生育时期适宜的土壤含水量标准是不同的（表

5-1）。在草甸黑土上种植大豆，播种时如果播种层土壤含水量低于 16%，大豆不能出苗，适宜出苗的土壤含水量为 22%～26%。当土壤含水量低于 18%时，植株开始出现萎蔫现象。大豆开花后要求的土壤含水量较高，如果土壤含水量低于 22%，就必须考虑灌水，以保持土表湿润，否则，会造成大量的花荚脱落。大豆全生育期间土壤含水量保持在20%～30%，可获得较好的产量。

表 5-1　大豆各生育时期适宜的土壤含水量标准　（%）

土壤含水量指标	播种～出苗	出苗～分枝	分枝～开花	开花～结荚	结荚～鼓粒	鼓粒～成熟
土壤含水量	20～23	23～25	24～26	26～28	27～30	24～26
占田间持水量	60～65	65～70	70～75	75～80	80～85	70～75

大豆各生育时期耗水量是不同的（表 5-2）。鼓粒期是大豆需水量最大的时期，这一时期呼吸强度达到最大，脂肪与蛋白质代谢最旺，籽粒重量迅速增加，开花后第二十天至第四十天的 20 天内有机物合成量占籽粒重量的 70%～80%。所以，鼓粒期遇旱对大豆产量和品质影响最大。由于大豆开花期至鼓粒期的时间较长，可达 1 个月左右，而且，该时期又是大豆需水最敏感的时期。因此，灌水次数应多一些，实行多次小定额灌水效果最佳。每次灌水定额为 25～30 毫米，旱情严重时增加到 35～40 毫米。分枝期每公顷灌水 600 立方米，会造成大豆减产 1.6%；分枝、开花两个时期共灌水1 200立方米，可增产大豆 3.8%；分枝、开花、结荚三个时期共灌溉1 800立方米，可增产大豆 60.8%；分枝、开花、结荚、鼓粒四个时期共灌溉 2 400 立方米，可增产大豆 64.6%。说明在大豆标准化生产中，大豆灌水管理需要按大豆需水标准进行操作；否

则，不但起不到增产增效作用，反而会造成减产减收。灌溉方式有沟灌、畦灌、喷灌三种，以喷灌效果最好。无公害大豆灌溉用水，必须选用清洁的水源，灌溉水的各种指标要符合国家灌溉用水标准。

表 5-2　大豆各生育时期耗水量标准

生育时期	天数	耗水量(毫米)	日耗水量(毫米)	耗水量占总耗水量(%)
播种～出苗	16	22.6	1.25	6.1
出苗～分枝	22	47.5	2.11	12.6
分枝～开花	20	50.6	3.33	13.5
开花～鼓粒	25	151.5	5.29	40.5
鼓粒～成熟	31	102.0	3.88	27.3
播种～成熟	124	374.2	3.29	100

（三）大豆标准化施肥

1. 大豆的氮肥施用　大豆从土壤中和肥料中吸收的氮素，对获得高产是非常必需的。在苗期，大豆根瘤着生的数量少而小，植株尚不能或很少利用根瘤菌共生固氮供给的氮素，吸收土壤氮显得十分重要，特别对缺氮的土壤施少量氮肥作种肥是必要的，可使大豆幼苗一开始就保持正常的生长速度，待氮肥的抑制作用消失后，即可促进根瘤的发育。

由于氮素化肥对根瘤菌固氮会造成不利影响，因此，大豆标准化生产中合理施氮应注意如下几点。①重视有机肥料的施用。经过腐熟的有机肥料中的氮素，适于大豆缓慢而持续地吸收利用。在大豆的前茬作物上施用多量的有机肥料，大豆利用前作施肥的后效，也有明显的增产效果。②大豆植株积累氮素最多最快的时期是在开花结荚期，因此，大豆花期追施氮素化肥效果较好。③在土壤肥力较低，不能保证大豆生育达到正常的繁茂度，或早熟秆强的大豆品种，幼苗期需要促进营养生长时，需用氮素化肥作种肥。④氮、磷、钾肥配合施用，效果比各自单独施用效果好。

我国大多数土壤种植大豆，于早期施氮是有增产效果的，但与土壤肥力有密切关系。例如，黑龙江省国营农场的试验表明，白浆土每 100 克含水解氮 4 毫克，种肥施氮使大豆增产 15%；施水解氮 4～10 毫克，增产 6%，但是水解氮高于 10 毫克时，施种肥反而减产。长江流域及其以南地区的不同土壤上，春、夏、秋大豆施用氮肥的增产效果比较显著。初花期追施氮肥可以使大豆植株保持较高的氮素供应水平，有利于减少花荚脱落，有利于蛋白质的合成和荚粒的形成，从而获得增产。大豆开花期追肥，常用尿素。尿素施入土壤后，在脲酶的作用下，在 1～2 周后即可达到氨化高峰期，很容易造成氨挥发，降低肥效。近年研制的长效尿素，因含有脲酶抑制剂，这种尿素施入土壤后可抑制脲酶的活性，延缓尿素的分解速度，肥效可达 100～120 天。因此，长效尿素作种肥，花期不必再追肥。这样做既可避免施肥作业的困难，又可减少作业的成本，还能提高肥料利用率。

2. 大豆的磷肥施用 大豆增施磷肥会明显提高籽粒产量，增产幅度在 7%～24%之间。黄淮地区 22 点次大豆氮、磷、钾肥效试验结果表明，每公顷施氮(N)30 千克、五氧化二磷(P_2O_5)60 千克、氧化钾(K_2O)60 千克，其增产率分别为 10.5%、14%、5.8%，即施磷肥增产幅度最大。

施用磷肥的增产效果，在很大程度上取决于土壤的有效磷含量。在缺乏磷素的土壤中施用，对大豆增产效果显著，而在含磷素丰富的土壤中施用，效果常常不佳。因此，磷肥施用应依据以下标准，根据土壤有效磷含量进行合理施用。即当每 100 克土壤中的速效性磷(P_2O_5)为 6 毫克以下时，大豆施磷效果显著，宜增施磷肥；每 100 克土壤含速效性磷为 1～3 毫克时，施磷肥增产效果极显著，必须提倡多施磷肥；在每 100 克土壤中含速效性磷为 10 毫克左右时，大豆施磷肥多数也表现增产，应适当少施磷肥。

在缺磷的土壤中，大豆施用磷肥的增产效果，在一定范围内一般随着施磷量的增加而提高，超过一定范围后，增施磷肥的效果减弱。从单位重量磷肥的增产率来看，有随着施磷量增多而降低的趋势。另外，磷肥的增产效果与土壤湿度的关系也很大。干旱地区施用磷肥往往无效，而在湿润条件下施磷肥则增产显著。磷肥的增产效果还与其他元素有关，其中与氮素关系最密切，氮有促进植株吸收磷的作用。磷与氮，磷与钾配合施用是中低产区大豆增产的关键性措施之一。根据土壤中氮、磷原有状况，一般采用氮、磷比为 1∶2、1∶2.5 和 1∶3等配比施肥。

3. 大豆的钾肥施用　钾具有促进根瘤形成的作用。土壤中的钾含量丰富能促进大豆植株生长和根部组织的发育，也能增加根瘤菌的数量，增强根瘤菌的活动能力。钾还能改善大豆的品质，施钾可以减少种子皱缩、发霉率，增加粒重，提高发芽率和含油量，因此，大豆标准化生产中，合理施用钾肥既可高产又能改善籽粒品质。

在大豆生育期间，如果钾素供应不足，常在大豆的老叶片上发现缺钾症状。叶尖边缘出现黄斑点，组织逐渐坏死，或较老的叶片和组织首先变为褐色、黄色，生长延缓。缺钾大豆的嫩叶比同龄健康植株叶片的颜色稍暗，较老叶片的叶尖和叶缘颜色变浅，最后变黄，只有沿叶脉的叶组织仍保持绿色。由于缺钾组织失水较多，因而叶缘皱缩，叶片向里卷成“杯状”。最后组织枯焦，叶缘破碎。缺钾的植株大多数柔嫩多汁，细胞壁薄，大豆容易感染病害。缺钾大豆结荚少，荚小而不饱满，豆粒大小不匀，皱缩呈畸形，秕粒多，籽粒蛋白质含量降低。

我国主要土壤类型中，钾的分布总趋势是：由北向南，由西向东，各种形态的钾素含量均趋下降。也就是说，我国东南部地区施用钾肥，比其他地区更为重要。

土壤速效性钾包括交换性钾和水溶性钾两部分，它们的量只占土壤全钾的1%～2%。其中交换性钾约占土壤速效性钾的90%，水溶性钾约占10%。土壤中水溶性钾是大豆根系吸收钾的直接来源，而交换性钾则是水溶性钾的供应者。当大豆根系吸收土壤中水溶性钾后，土壤胶体上吸附的交换性钾能很快释放，补充土壤中水溶性钾的消耗。

为了保证土壤有充足的钾素供应，必须使土壤中有效性钾保持一定的平衡状态。土壤中的速效性钾的补充主要靠三个来源，即植株残茬、厩肥、秸秆等有机肥料，化学肥料以及土壤缓效性钾的转化。

在有机肥料中，钾化合物含量较多，增施有机肥料，土壤中的钾素可得到补充。近年来，随着农业生产水平的不断提高，大豆单位面积产量也在上升，种植大豆时，氮、磷肥的施用量在增加，由此带来了对钾肥施用的重视。我国的钾素资源主要是氯化钾，同时，还从国外进口了大量的硫酸钾来满足市场需要。

在缺钾的土壤中施用钾肥，增产效果极为显著。在湖北、江西两省进行的63次田间试验中，施用钾肥平均每公顷增产大豆298.5千克，增产率为17.8%。在山东省棕壤上施钾肥，增产率也达到16.1%。

在进行高油大豆标准化生产时，应根据养分对大豆油分积累的影响，适当调整肥料配比。为了增加大豆籽粒油分的积累，应适当降低施氮肥的比例，增加磷、钾肥的施用比例。黑土与肥沃的土壤氮、磷、钾比例为1∶(1.8～2.0)∶0.8；白浆土与瘠薄地适当增加施入量，氮、磷、钾比例可为1∶1.5∶0.8。

4. 大豆的微肥施用 尽管这些元素含量少，但对作物的正常生长发育是不可缺少和不可代替的。只有在了解微量元素的作用、土壤中微量元素供应状况等情况的基础上，合理施用微量元素肥料，才能达到提高产量，改善品质的目的。微量元素使用过程中一定不要超过标准剂量；否则，不但达不到增产效果，还会因产生毒害而减产或降低品质。

(1)钼 钼是大豆不可缺少的微量元素。大豆体内的钼多集中在根瘤内，其次是种子内。钼能促进根瘤的形成与生长，使根瘤的数量增多，体积增大，固氮量增多。因为钼是大豆根瘤固定大气氮素时必需的元素，氮还原成氨的固氮过程是在钼—铁氧还蛋白和固氮铁氧还蛋白组成的固氮酶催化下进行的。钼能促进硝态氮的同化作用，施钼肥可增加大豆各组织的含氮量，提高蛋白氮与非蛋白氮的比率，说明钼对大豆的氮素代谢有重要作用，能提高籽粒的蛋白质含量。施钼肥还可以提高大豆叶片中的叶绿素含量，促进大豆植株对磷素的吸收、分配和转化，并能增强大豆种子的呼吸强度，提高种子发芽势和发芽力。

大豆缺钼的标准症状是：大豆生长不良，植株矮小，叶脉间缺绿，或叶片扭曲畸形。根瘤发育不良，数量少，体积小，固氮酶活性降低，固氮量减少。

大豆属于对钼反应中等的作物。钼、氮之间的关系比较复杂，施用硝态氮肥时，大豆吸收的钼比施用铵态氮时多。随着铵态氮施用量的增加，植株的钼含量逐渐减少。钼肥与磷肥同时施用可使肥效大增。钼与硫、钼与铜和钼与铁的关系都是拮抗的。

大豆对钼的需要量是很低的，每生产 100 千克大豆只需吸收 308 毫克左右的钼。由于钼在土壤中不容易淋溶损失，如果经常施用钼肥会使钼在土壤中积累，而钼过量也会带来毒害，因此，一般补充钼肥都采用拌种或叶面喷施的方法。应用较多的钼肥是钼酸铵和钼酸钠。钼肥施用的标准剂量为：拌种时，每千克大豆种子用钼酸铵 1.5 克，用液量为种子量的 1%即可，加水不宜过多；否则容易胀破种皮，带来不利影响。钼酸铵叶面喷施效果较好，浓度以 0.01%～0.1%为好，每公顷用液量为 375～750 千克。

(2)锰　锰对大豆的光合作用、呼吸作用和生长发育来说，都是不可缺少的微量元素。锰的作用在于它是多种酶系统的催化剂，直接参加氧化还原过程，促进固氮作用。锰参与硝态氮还原成氨的反应，在根瘤的形成和固氮，以及叶绿素的合成中起着重要作用。

缺锰时的标准症状为：大豆叶片叶绿素减少，新叶失绿。老叶叶面不平滑，皱缩，脉间出现淡绿色斑纹，而叶脉仍为绿色。

大豆对锰高度敏感。石灰性土壤、富含钙的冲积土和排水不良且含有较多有机质的土壤以及砂质土壤容易缺锰。经常施用酸性肥料，防止土壤过度干燥，施用容易分解的有机肥料，以保持土壤处于还原环境等方法，都有助于土壤中锰的活化。锰与铁之间存在着拮抗关系，如果细胞内存在过多的锰，就会阻碍三价铁还原，并引起缺铁症。

大豆只能吸收水溶性锰和代换性锰。土壤中无机盐的含量虽然是充足的，但有效性的水溶性锰和代换性锰的含量常常不足。我国北方的石灰性土壤的含锰量和有效性锰含量都比较低，尤其是质地轻、有机质少和通透性良好的土壤，如黄淮海平原，施用锰肥后的效果多表现良好。根区的 pH 值大于 6.5 的土壤，锰的有效性较差，常表现缺锰。在酸性土壤中则富含锰，锰的有效性强，一般不需要施锰肥。

锰肥有硫酸锰、氧化锰、碳酸锰和磷酸铵锰等，最常用的是硫酸锰。硫酸锰施用的标准为：每公顷用量 15～30 千克，进行土壤施用，或以 0.05%～0.1%的硫酸锰溶液每公顷 750 千克，进行叶面喷施。

(3)锌　锌是一些脱氢酶（如乙醇脱氢酶、谷氨酸脱氢酶等）、蛋白酶等的组分，这些酶对植株体内的物质水解和氧化还原过程以及蛋白质的合成起着主要的作用。大豆缺锌，植株失去由吲哚和丝氨酸合成色氨酸的能力，而色氨酸是生成吲哚乙酸的前体，因此，缺锌会造成植物体内生长素含量降低。大豆缺锌的标准症状为：植株下部叶片的叶脉间变黄，叶缘轻微卷起，或者变褐枯死，植株矮小。

大豆属于对锌敏感的作物。在缺锌土壤上施用锌，能起到明显的增产效果，增产率可达 14.2%。我国目前常用的锌肥是硫酸锌，它的标准施用方法为：每公顷用量 15～37.5 千克，施入土壤作基肥，或每公顷 15 千克施入土壤作追肥；叶面喷肥浓度一般为 0.1%～0.3%，每公顷约需要用液量为 750 千克。从施肥方式和时期看，基施、始花期追施和花荚期喷施分别比不施锌肥的对照增产 13.7%、12.1%、10.1%。另外，磷、锌肥配施的试验证实，锌的增产效果与磷的施用量有密切的关系。当磷水平低时，高锌量容易造成锌的危害，导致减产;而在磷水平高时,则可在一定程度上抑制锌的危害,但施锌量过高还不如不施锌。锌肥若同氮、磷肥配合施用,可以获得更大的增产效果。

(4)硼　硼是大豆不可缺少的微量元素之一。硼在植株体内比较集中分布于茎尖、根尖、叶片和花器官中。因此,硼对大豆的生长、繁殖起着重要的作用。硼能提高体内蔗糖转化酶的活性,促进碳水化合物的运输,从而影响根的生长,提高大豆根瘤菌的固氮活性,增加固氮量。硼能促进花荚的形成和种子的发育。硼还能增强大豆的抗逆性,如抗寒、抗旱的能力。

硼多集中在细胞壁和细胞间隙里,生长点和繁殖器官中也比较多。缺硼时植株的标准症状为:生长点附近的叶片变黄,有时带有红紫色,叶畸形增厚,皱缩,叶缘向下翻卷;大豆根系发育不良,根瘤不但不发达,甚至失去固氮能力;导致植株茎尖分生组织死亡,花蕾在发育初期死去;还会影响开花结荚数和花粉形成及受精。

大豆含硼量比小麦和玉米高许多。大豆对硼有良好的反应。氮对硼的吸收有很大的影响,氮供给过量时,植株对硼的吸收减少,而磷和硼之间有相互促进的作用。

我国应用的硼肥主要是硼砂和硼酸,部分地区也应用生产硼砂的下脚料如硼泥或硼镁肥。大豆需硼量很小,硼又很容易致毒,因此,硼肥要慎用。施硼的标准方法为:作基肥施入土壤和叶面喷施。据有关试验表明,每公顷用 3 750 克硼砂作基肥施用,可使大豆增产 9.3%;而用 666 毫克/千克浓度的硼砂喷洒,比对照增产 10.8%。硼砂溶液的喷施浓度不同,增产效果也不一样。浓度为 800 毫克/千克,增产 10.1%,100 毫克/千克增产为 9.4%,浓度过大(1 500 毫克/

千克)仅增产2.2%。研究还证明,硼砂拌种是一项经济有效的方法,用10克硼砂加水250毫升,拌种5千克,可增产23.3%。

(5)铁　铁在叶绿素的合成过程中是不可缺少的。大豆缺铁的标准症状为:新生叶和茎因缺铁使叶绿素形成受阻,而成为黄色和黄白色,但叶脉仍为绿色;在靠近叶缘的地方还可能出现棕色斑点,老叶变黄枯萎而后脱落。铁是大豆根瘤固氮酶中铁蛋白和钼铁蛋白的金属成分,铁的存在与固氮作用有很大的关系。

除了土壤因子能够影响铁的供给外,施用各种肥料也可能影响铁的吸收。例如,施用大量的硝态氮肥会导致作物缺铁;当土壤中磷的浓度过高时,也会出现缺铁失绿症状。此外,铁与锰、铁与铜之间都存在着拮抗关系,而锌比铜、锰、钾、钙更能够影响铁的吸收以及铁向地上部分的运转。

大豆对缺铁比较敏感,且容易发生缺绿症。大豆补充铁的标准做法是:采用无机铁化合物补充铁营养。为了增加铁的吸收、运转和利用率,目前开始采用NaFeEDTA等螯合铁。

(6)铜　铜是多酚氧化酶、抗坏血酸氧化酶的成分,它参与植株体内氧化还原过程。大豆缺铜时的标准症状为:叶片呈微黄状,上层叶严重,最上层叶几乎是白色,叶子像受旱时的状态。

大豆对铜肥低度敏感。在缺铜或近于缺铜的土壤上增施氮肥会加重缺铜的程度。铜与磷之间存在拮抗关系。重施磷肥或者经常施用磷肥可能导致缺铜或使铜含量降低。施铜可使大豆荚数和百粒重增加,从而起到增产作用。

5. 绿色食品大豆的肥料施用

农业行业标准NY/T394“绿色食品肥料使用准则”规定,

生产AA级绿色食品时，允许用堆肥、沤肥、厩肥、沼气肥、绿肥、作物秸秆肥、泥肥和饼肥等农家肥料，不允许施用化学合成的肥料。在生产A级绿色食品时，除允许施用上述农家肥料外，只能限量施用限定的化肥。允许在有机肥、微生物肥、矿质肥和腐殖酸肥中按一定比例掺入除硝态氮肥以外的化肥，且有机氮与无机氮之比不能超过1∶1。另外，“绿色食品肥料使用准则”还规定，城市垃圾和污泥、医院的粪便垃圾和含有有毒物质的工业垃圾，是禁止使用的。

(1)*AA级绿色食品大豆生产允许施用的肥料种类及肥料施用原则* 除国家有关部门批准的AA级绿色食品生产资料的肥料类产品以外，可以施用符合要求的农家肥料(堆肥、沤肥、厩肥、沼气肥、绿肥、作物秸秆肥、泥肥、饼肥)和商品肥料(商品有机肥料、腐殖酸类肥料、微生物肥料、有机复合肥、无机肥料、叶面肥料、半有机肥)。生产AA级绿色食品时，应遵循如下肥料施用原则：必须选用适于AA级绿色食品生产的肥料种类，禁止施用任何化学合成肥料，禁止施用城市垃圾和污泥、医院的粪便垃圾和含有害物质(如毒气、病原微生物、重金属等)的工业垃圾；各地可因地制宜采用秸秆还田、过腹还田、直接翻压还田和覆盖还田等形式；利用覆盖、翻压和堆沤等方式合理利用绿肥，绿肥应在盛花期翻压，翻埋深度为15厘米左右，盖土要严，翻后耙匀，压青后15～20天才能进行播种或移苗；腐熟的沼气液、残渣及人、畜粪尿可用作追肥，严禁施用未腐熟的人粪尿；饼肥可用于毛豆的生产，禁止施用未腐熟的饼肥；叶面肥料质量应符合国家相关标准(GB/T17419，或GB/T17420)中的规定，按施用说明稀释，在作物生长期内，喷施2次或3次；微生物肥料可用于拌种，也可作基肥和追肥施用。使用时，应严格按照使用说明书的要求操作，微生物肥料中有效活菌的数量应符合农业行业标准NY227中规定的技术指标。

(2)A级绿色食品大豆生产允许施用的肥料种类和肥料施用原则　除国家有关部门批准的A级绿色食品生产资料的肥料类产品以外，所有AA级绿色食品施用的肥料种类均适于A级绿色食品大豆的生产。如果不能满足生产需要的情况下，还允许施用掺和肥[在有机肥、微生物肥、无机(矿质)肥、腐殖酸肥中按一定比例掺入化肥(硝态氮肥除外)，并通过机械混合而成的肥料]，但有机氮与无机氮之比不能超过1∶1。A级绿色食品的肥料施用原则为：必须选用适于A级绿色食品生产的肥料种类，如不能满足生产需要时，允许按下列要求施用化学肥料(氮、磷、钾)，但禁止施用硝态氮肥；化肥必须与有机肥配合施用，有机氮与无机氮之比不能超过1∶1，例如，每公顷施优质厩肥15 000千克加尿素150千克(厩肥作基肥、尿素可作基肥和追肥用)，对叶菜类最后一次追肥必须在收获前30天进行；化肥也可与有机肥、复合微生物肥配合施用，例如，每公顷施厩肥15 000，加尿素75～150千克或磷酸二铵300千克，复合微生物肥料900千克。厩肥作基肥，尿素、磷酸二铵和微生物肥料作基肥和追肥用。城市生活垃圾一定要经过无害化处理后才能使用，每年每公顷农田限制用量，黏性土壤不超过45吨，砂性土壤不超过30吨；各地可因地制宜采用秸秆还田、过腹还田、直接翻压还田、覆盖还田等形式，同时还允许用少量氮素化肥调节碳氮比；利用覆盖、翻压、堆沤等方式合理利用绿肥；腐熟的沼气液、残渣及人、畜粪尿可用作追肥，严禁施用未腐熟的人、粪尿；禁止施用未腐熟的饼肥；叶面肥料质量应符合国家相关标准(GB/T17419或GB/T17420)规定的技术要求，按使用说明稀释，在作物生长期内喷施2次或3次；微生物肥料可用于拌种，也可作基肥和追肥施用，使用时应严格按照使用说明书的要求操作；微生物肥料中有效活菌的数量应符合农业行业标准NY227中规定的技术指标。

为了保证无公害大豆的高产、优质、高效、生态、安全，使用肥料时必须严格执行国家农业行业标准“绿色食品肥料使用准则”中的规定。要注重秸秆粉碎还田或过腹还田，做到培肥地力，持续发展；农家肥与化肥、微生物肥配合施用，有机氮与无机氮之比不超过1∶1。一般每公顷施农家肥15吨作基肥，施磷酸二铵150～200千克和硫酸钾65～75千克、尿素40～70千克作种肥。严禁施用硝态氮化肥。

硝态氮肥严禁使用的原因是，硝态氮肥（如硝酸铵等）含有硝酸根（NO_3^-），尽管当硝态氮肥施入土壤后，后硝酸根容易被作物吸收，但它不易被土壤胶体所吸附，移动性很大，未被作物吸收的硝酸根易随水流失，造成土壤和地下水污染。即使被作物吸收的硝酸根，除一部分在根部被还原同化外，剩余的部分则以硝态氮的原态转移到作物的地上器官。硝酸盐经还原可转化成有毒的亚硝酸盐，亚硝酸盐含量多会促进亚硝酸胺的合成。人们消费亚硝酸胺含量高的农产品后，会导致食道癌、胃癌等消化系统的癌症。

第六章 大豆标准化生产的病虫草害防治

一、病虫草害综合防治策略

大豆标准化生产在进行病虫害防治时，必须建立一个综合防治技术体系，按照生态学和系统工程的原理，以经济、社会和生态效益为目标，强调生态系统的自我调控作用，利用大豆品种的遗传抗性与耐害补偿功能，通过种植抗病、抗虫品种，协调栽培技术，保护和利用天敌，科学使用农药，达到理想防治效果。即以农业防治为主，以生物防治和化学防治为辅，采用高效、低毒、低残留农药，逐渐以生物防治代替化学防治。

(一)大豆标准化生产应注意保持农田生态平衡

应从作物群体存在的整个生态系统出发，综合运用各种防治措施，创造不利于病虫草害孳生而有利于各类天敌繁衍的环境条件，保持农业生态系统的平衡和生物多样化，减少各类病虫草害所造成的损失。

1. 选用抗(耐)病、抗(耐)虫品种 根据当地情况，因地制宜地选择抗(耐)病、虫的丰产良种，增加大豆自身抗性，减少用药种类和用药量，从而减少污染。

2. 合理轮作 与禾本科作物实行3年以上轮作，做到不重茬、不迎茬。合理的轮作不仅能抑制土壤中有害病原物，特别像根腐病等靠土壤残留病源侵染的病害，还可以减轻害虫种群数量，对大豆食心虫、根潜蝇、二条叶甲等害虫的虫口密度都有良好的控制作用。对大豆胞囊线虫、根腐病都有不同程度的预防效果。据调查，重、迎茬大豆比正茬根腐病病株率高 31.5%～50%，比正茬根潜蝇虫株率多 20%～30%，到目前为止防治胞囊线虫最好的办法就是轮作。

3. 科学施肥 合理施肥能改善植株的营养条件，提高植株的抗病虫能力。施肥时应以农家肥、有机肥为主，配合施用磷肥，实行配方施肥。根据当地土壤的肥力状况，调整施肥比例，推广分层深施肥技术，提倡应用生物钾、磷素活化剂。

4. 加强栽培管理 适时播种、合理密植、及时中耕除草，促进大豆植株健壮生长，增强抗病虫能力。有许多病害都是在一年以上的病株残体和杂草中越冬越夏，成为当年初侵病源。因此，通过中耕除草可对病源和虫源进行机械破坏性杀伤，从而减少病、虫源。为了达到防病、虫的目的，对土地的伏秋深翻要及时进行，以破坏幼虫越冬场所，提高幼虫死亡率，消灭越冬成虫，同时减少越冬菌量，减轻来年危害。

(二)大豆标准化生产应大力推广生物防治

生物防治是利用某些生物或生物代谢产物来控制害虫种群数量或病原物的蔓延与危害，它包括利用自然界中的益虫、微生物去捕食害虫或寄生于害虫体内，从而减少害虫数量；也包括利用昆虫激素等技术来消灭害虫。在目前生物药剂种类较少，生物防治技术还不十分完善的情况下，可从以下两方面做起。

1. 保护天敌 大豆蚜虫的天敌较多，如草蛉、捕食性瓢虫、寄生蜂、食蚜蝇等。保护好天敌能起到事半功倍的作用，因此，施药时，应控制施药种类和数量，使用高效、低毒、低残留农药。不要随意加大药量及施药浓度，确保天敌的生存、繁殖，增加其种群数量，杀灭更多害虫，抑制害虫的生长发育，减轻其危害程度。近年来，有些地区利用赤眼蜂、瓢虫、步甲和蚂蚁等天敌控制蚜虫、大豆食心虫和烟粉虱等害虫，取得了较好的效果。为了大豆标准化生产的持续发展，应加大天敌在防治作物病虫害上的作用。

2. 应用生物农药 生物农药是从微生物或动植物提取出来的生物活性物质，经加工合成的一类化合物，具有高效、低毒、无残留和产生抗药性慢等优点，既能有效地杀灭害虫、保护天敌，又不污染环境、土壤。表 6-1 为目前应用效果较好的生物农药。

表 6-1 大豆田应用效果较好的生物农药

生物农药	防治对象
鲁保 1 号生物制剂	大豆菟丝子
白僵菌	大豆食心虫
苏云金杆菌(BT)	豆天蛾、造桥虫
吡虫啉	蚜虫、烟粉虱、豆秆黑潜蝇
苦参碱、烟百素、阿维菌素	烟粉虱

(三)大豆标准化生产应合理使用化学药剂

化学药剂防治具有见效快、效果好等优点，是保证农业丰收的重要手段之一。但是，不能把农药当成是万能的。单纯地依赖农药，滥用农药。这样不仅增加防治成本，还会杀伤天敌，对作物产生药害，引起人、畜中毒，污染环境和农产品等缺点。只有在其他方法不能有效控制时，才可以使用农药。即使使用化学农药，也必须做到以下几点。

一是加强病虫害发生动态的监测，提高预报水平，为科学用药提供依据；

二是在病虫害发生盛期，开展多种病虫害总体防治，做到一药兼治。如在七八月份用菊酯类等具广谱性的农药可兼治多种害虫；

三是选择高效、安全、经济农药新品种、新剂型，掌握农药安全使用技术，提高防治效果。表 6-2 为无公害大豆生产上常用的农药品种简介。

总之，施用农药时应做到：以最少的农药获得最大的经济效益，并把农药的不良副作用减少到最低限度；选择对口药剂、改进施药方法，推广无渗漏施药机械及隐蔽的施药方法，按规定浓度和药量施药，防止农药在农产品中的残留和人、畜中毒；提倡农药轮换使用和合理混合作用，以提高药效，扩大防治范围，防止抗药性发展。

表 6-2　无公害大豆生产上常用的农药品种简介

种类	名称	商品名称	用途
杀虫剂	敌百虫	毒霸、三氯松	杀灭咀嚼式口器害虫
	敌敌畏	二氯松	杀灭同翅目、鳞翅目昆虫
	辛硫磷	拜辛松、巴赛松、腈肟磷、仓虫净	杀灭鳞翅目幼虫有特效，也可杀虫卵
	乐果	大灭松	杀灭刺吸式口器害虫，如蚜虫、烟粉虱、豆秆黑潜蝇等
	抗蚜威	辟蚜雾	杀灭大豆蚜虫
	涕灭威	铁灭克	杀虫、杀螨、杀线虫
	唑蚜威	灭蚜灵、灭蚜唑	对蚜虫有很好防效

续表 6-2

种 类	名 称	商品名称	用 途
杀虫剂	氯氰菊酯	安绿宝、灭百可、兴棉宝、赛波凯、韩乐宝	对某些害虫具杀卵作用，杀虫谱广，药效迅速，但防治螨和盲蝽的效果较差
	溴氰菊酯	敌杀死、凯素灵、凯安保	杀虫效果很好，杀虫谱广，但对螨类无效
	氰戊菊酯	速灭杀丁、中西杀灭菊酯	杀灭鳞翅目幼虫效果最好，对同翅目、半翅目和直翅目害虫也有很好的防治效果，但对螨类无效
	吡虫啉	康福多、大功臣、艾美乐、高巧	杀灭刺吸式口器害虫，如蚜虫、烟粉虱、豆秆黑潜蝇等
	阿维菌素	齐墩螨素、害极灭、爱力螨克、爱福丁、阿巴丁	对鳞翅目害虫和螨类成虫、若虫等有较好的防治效果。可用于防治大豆红蜘蛛等害虫
	哒螨酮	哒螨灵、速螨酮、扫螨净、哒螨净	杀螨谱广，对叶螨各个生育时期均有较好的防治效果
杀菌剂	代森锰锌	大生、大生 M-45、大生富、喷克、山德生、速克净、新万生、百乐、大丰、锌锰乃浦	对霜霉病、疫霉病、灰霉病等有很好的预防作用
	百菌清	打克尼尔、达科宁、大克灵、克劳伏、霉必清、桑瓦特、四氯异苯腈、顺天星 1 号	主要是防止植株受到真菌侵染，一旦病菌进入植株体内，杀菌效果小。可用于防治炭疽病、枯萎病等病害
	甲霜灵	雷米多尔、阿普隆、韩乐农、瑞毒霉、甲霜安、灭达乐、瑞毒霜	对疫霉属、腐霉属、霜霉属等多种真菌有良好的防治效果
	三唑酮	粉锈宁、百理通、百菌酮	对大豆锈病有较好的防治效果

续表 6-2

种 类	名 称	商品名称	用 途
除草剂	禾草灵	伊洛克桑	苗后除草剂，可有效防除 1 年生禾本科杂草，如野燕麦、稗、狗尾草等
	双丁乐灵	地乐胺、丁乐灵、止芽素、比达宁、硝苯胺灵	主要用于防除大豆菟丝子
	乙草胺	禾耐斯、消草安、刈草胺、乙基乙草安	苗前除草剂，防除 1 年生禾本科杂草和某些 1 年生阔叶类杂草
	扑草净	扑蔓尽、割草佳、扑灭通	苗后使用，可防除 1 年生双子叶和单子叶杂草

二、大豆标准化生产的农药选择

化学药剂对农作物病虫草害的控制效果是十分显著的，但化学防治的负面效果也是相当严重的。随着农药新品种、新剂型的不断涌现和大量生产，种植者对农药的依赖性越来越强，滥用农药、盲目用药、使用违禁农药的现象时有发生，带来了一系列的问题，例如害虫的抗药性越来越强；大量病虫害的天敌被杀，农田生态系统严重失衡；农药残留引起土壤和地下水污染；农产品中农药残留量超标，危及消费者身体健康，影响农产品出口。因此，对化学药剂的安全选择是大豆标准化生产的重要措施之一。

在对作物病虫草害防治过程中，化学农药的作用是不可低估的，但随着人们对化学农药负面效果的认识，作物抗性育种水平的提高和一些新型生物农药的开发应用，化学农药已不再是作为控制作物病虫草害的惟一手段。

农业行业标准 NY/T393 规定，A 级绿色食品生产过程中，提倡使用中等毒性以下的植物源杀虫剂、杀菌剂等，如除虫菊素、鱼藤根、烟草水和大蒜素等；可以使用矿物油和植物油制剂，矿物源农药中的硫制剂、铜制剂；允许有限度地使用农药抗生素，例如春雷霉素、多氧霉素、井冈霉素、农抗 120、中生菌素和浏阳霉素等；严禁使用剧毒、高毒、高残留或具有致癌、致畸、致突变的农药。每种有机合成农药在一种作物的生长期内只允许使用一次。在生产 A 级绿色食品禁止使用的农药中，有几种农药在当前大豆生产中仍在应用，例如防治大豆胞囊线虫所使用的涕灭威，大豆种衣剂中所含的克百威（呋喃丹）。在生产绿色食品大豆时，这些农药应当禁止使用。生产 A 级绿色食品大豆时可限量使用一些低毒的除草剂，例如稳杀得、精稳杀得、禾草克、杂草焚、虎威和都尔等。

为了生产无公害大豆，必须从农田生态系统的概念出发，充分发挥农业措施（抗性品种、轮作倒茬、耕翻耙压、中耕除草等）的预防作用，保证大豆自身强壮，保护和利用自然天敌的防治功能，采用无污染的植物源、动物源、微生物源和矿物源农药，必要时可有限度地使用部分低毒的有机合成农药来防治病虫草害，确保大豆优质、高产、安全的生产。

为了适应无公害农产品生产的需要，指导各地安全使用农药，2002 年 7 月农业部特向农业植保部门和广大农业生产者推荐一批高效、低毒、低残留的农药品种，供大家选择使用（表 6-3）。

表 6-3　生产无公害农产品时农业部推荐的农药品种

杀虫、杀螨剂	生物制剂和天然物质	苏云金杆菌、甜菜夜蛾核多角体病毒、银纹夜蛾核多角体病毒、小菜蛾颗粒体病毒、茶尺蠖核多角体病毒、棉铃虫核多角体病毒、苦参碱、印楝素、烟碱、鱼藤酮、苦皮藤素、阿维菌素、多杀霉素、浏阳霉素、白僵菌、除虫菊素、硫黄
杀虫、杀螨剂	合成制剂：菊酯类	溴氰菊酯、氟氯氰菊酯、氯氟氰菊酯、氯氰菊酯、联苯菊酯、氰戊菊酯*、甲氰菊酯*、氟丙菊酯
杀虫、杀螨剂	合成制剂：氨基甲酸酯类	硫双威、丁硫克百威、抗蚜威、异丙威、速灭威
杀虫、杀螨剂	合成制剂：有机磷类	辛硫磷类、毒死蜱、敌百虫、敌敌畏、马拉硫磷、乙酰甲胺磷*、乐果、三唑磷、杀螟硫磷、倍硫磷、丙溴磷、二嗪磷、亚胺硫磷
杀虫、杀螨剂	合成制剂：昆虫生长调节剂	灭幼脲、氟啶脲、氟铃脲、氟虫脲、除虫脲、噻嗪酮*、抑食肼、虫酰肼
杀虫、杀螨剂	合成制剂：专用杀螨剂	哒螨灵*、四螨嗪、唑螨酯、三唑锡、炔螨特、噻螨酮、苯丁锡、单甲脒、双甲脒
杀虫、杀螨剂	合成制剂：其他	杀虫单、杀虫双、杀螟丹、甲胺基阿维菌素、啶虫脒、吡虫啉、灭蝇胺、氟虫腈、溴虫腈、丁醚脲
杀菌剂	无机杀菌剂	碱式硫酸铜、王铜、氢氧化铜、氧化亚铜、石硫合剂
杀菌剂	合成杀菌剂	代森锌、代森锰锌、福美双、乙膦铝、多菌灵、甲基硫菌灵、噻菌灵、百菌清、三唑酮、三唑醇、烯唑醇、戊唑醇、己唑醇、腈菌唑、乙霉威·硫菌灵、腐霉利、异菌脲、霜霉威、烯酰吗啉·锰锌、霜脲氰·锰锌、邻烯丙基苯酚、嘧霉胺、氟吗啉、盐酸吗啉胍、恶霉灵、噻菌铜、咪鲜胺、咪鲜胺锰盐、抑霉唑、氨基寡糖素、甲霜灵·锰锌、亚胺唑、春·王铜、恶唑烷酮·锰锌、脂肪酸铜、松脂酸铜、腈嘧菌酯
杀菌剂	生物制剂	井冈霉素、农抗 120、菇类蛋白多糖、春雷霉素、多抗霉素、宁南霉素、农用链霉素

注:名单中带*号者茶叶上不能使用

农业部在推荐上述农药的过程中遵循以下原则:一是贯彻试验示范的原则,根据近年来各地试验、示范的结果,着重筛选了一些新品种;二是根据多年来国内推广应用的实际,兼顾了一些受到群众欢迎，生产上又很需要的老品种；三是突出安全性和防效，以环保型低毒（部分高毒）、低残留品种为主，重点是防治效果比较好的单剂；四是体现公正性原则，推荐的农药品种是与科研、教学、推广、管理和农药检定部门的专家反复研究讨论确定的，不与生产企业挂钩。

三、大豆标准化生产的主要病虫害防控

（一）大豆生长期间的主要病害及防治

1. 大豆胞囊线虫病

（1）危害及症状　大豆胞囊线虫病，又叫黄萎病，俗称“火龙秧子”。它是世界性大豆病害，在主要大豆生产国（美国、巴西、中国和日本）都有大面积发生。我国主要发生在东北、华北地区和河南、山东和安徽等省。尤以东北三省西部干旱地区如辽宁省康平、吉林省白城地区和黑龙江省的肇东、安达、大庆、齐齐哈尔等地区发生严重。一般使大豆减产10%～20%，严重的减产70%～90%，甚至绝产。

大豆胞囊线虫主要危害根部，被害植株发育不良，矮小。苗期感病后子叶和真叶变黄，发育迟缓；成株感病后，地上部矮化和黄萎，结荚少或不结荚，严重者全株枯死。病株根系不发达，侧根显著减少，细根增多，根瘤稀少。发病初期（黑龙江省6月末至7月初）拔起病株观察，可见根上附有许多白色或黄褐色小颗粒，即胞囊线虫雌成虫，这是鉴别胞囊线虫病的重要特征。胞囊线虫以卵的形态在胞囊里于土壤中越冬，胞囊对不良环境的抵抗力很强。第二年春二龄幼虫从寄主幼根的根毛侵入，在大豆幼根皮层内发育为成虫，雌虫体随内部卵的

形成而逐渐肥大成柠檬状，突破表层而露出寄主体外，仅用口器吸附于寄主根上，这就是我们所看到的大豆根上白色或黄白色针头大小的小颗粒，直径约 0.5 毫米，即线虫胞囊。

大豆胞囊线虫由于致病力不同，而分为不同的生理小种。目前我国鉴定出的小种有 1、2、3、4、5 和 7 号生理小种。1 号小种主要分布在辽宁省、吉林省、山东省潍坊及胶东半岛和江苏等省大豆生产地区；2 号小种主要分布在山东省的聊城、德州等地区；3 号小种主要分布在黑龙江、吉林、辽宁等省的大豆主产地区。4 号小种主要分布在山西、河南、江苏、山东、安徽、河北及北京等省、市的大豆主产地区；5 号小种分布在吉林、安徽、内蒙古等省、自治区；7 号小种分布在山东省、河南省的大豆产区。

(2)标准防治措施　大豆胞囊线虫分布广、危害重、寄主范围广，传播途径多，存活时间长，是一种极难防治的土传病害。大豆胞囊线虫病的防治应以预防为主，实行科学合理的轮作制度是防治大豆胞囊线虫病最经济实用的方法。应用抗病品种也是防治大豆胞囊线虫病的经济有效措施，美国和日本已经育成百余个抗病品种，在生产上大面积推广应用，增产效果很明显。黑龙江省自 1992 年以来，先后推广了抗线 1 号、2 号、3 号、嫩丰 15 号和庆丰 1 号等抗病品种，在黑龙江省西部线虫区应用后，增产效果很明显；辽宁省育成的辽豆 13 号大豆新品种既高油高产，又抗 1 号和 3 号大豆胞囊线虫生理小种。但随着抗病品种推广年限延长，由于品种压力作用，而使大豆胞囊线虫生理小种可能发生变化。近年来黑龙江省农业科学院大豆研究所对安达和大庆地区连续种植抗病品种地块大豆胞囊线虫生理小种进行动态监测，结果发现除原来的 3 号小种外，又出现了新的 1 号、4 号、6 号和 14 号生理小种，说明抗病品种连种后大豆胞囊线虫的生理小种确实发生了变化，因此，生产上推广抗病品种要与非大豆胞囊线虫寄主作物或其他抗线类型品种轮换种植，以减缓生理小种变异速度，防止抗病品种丧失抗病性和延长抗病品种的应用年限。在没有抗病品种的地方应采用大豆与非线虫寄生作物进行3～5年的轮作，可以有效地防止胞囊线虫病。并且轮作年限越长，效果越好。水旱轮作效果更好。有试验证明，在胞囊线虫大发生的地块，换种一茬蓖麻之后再种大豆，可有力地抑制胞囊线虫的为害。加强大豆田间管理，促使大豆植株生长健壮，增强植株抗病能力，可以减轻线虫危害程度。适时灌溉，提高土壤湿度，可使线虫窒息而死，减轻危害。在病区作业时，要彻底清除机械上的泥土和残草，以免线虫扩散传播。

2. 大豆霜霉病

(1)*危害及症状*　大豆霜霉病分布于全国各大豆产区，气温冷凉地区和多雨年份病情较重。霜霉病危害幼苗、叶片、豆荚和籽粒。在得病种子上的病菌经系统侵染引起幼苗发病，但子叶不表现症状。当幼苗第一对真叶展开后，沿叶脉两侧出现褪绿斑块，后扩大到半个叶片，有时使整个叶片变黄，天气多雨潮湿时，叶背面密生灰白色霉层。成株期叶片表面出现圆形或不规则形、边缘不清晰的黄绿色斑点，后变成褐色，叶背面生长灰白色霉层。病斑常汇合成大的斑块，导致病叶干枯死亡。豆荚表面常无明显症状。病粒表面黏附灰白色的菌丝层，内含大量的病菌卵孢子，卵孢子即为第二年的初侵染病菌源。

(2)*标准防治措施*　选育抗病品种。大豆品种间抗病性差异很大，在重病区应选育和种植抗病品种，但也要注意生理小种问题。加强田间管理，清除田间病株残体并进行秋季翻地，以减少越冬菌源。合理轮作，增施磷、钾肥，排除豆田积水等均可以减轻发病程度。进行选种及种子处理，通过严格选种，清除病粒，播前进行药剂拌种，可以防止种子带菌问题。采用药剂防治时，可在开始发病时，把75%百菌清可湿性粉剂稀释成600～800倍液，或将50%福美双可湿性粉剂稀释成600～800倍液，或把80%克霉灵可湿性粉剂稀释成400～600倍液，进行喷雾。每公顷用药液量525～750千克。

3. 大豆花叶病和芽枯病

（1）*危害及症状* 大豆花叶病是一种病毒病。受害植株一般较矮小，叶片皱缩，沿叶脉处颜色浓淡不均，呈斑驳状，严重时叶片向叶背反卷。症状随大豆生育进程而异，苗期受害往往表现节间缩短，植株矮小，叶片皱缩，豆荚发育不良，豆粒减少且小，成熟期延长。生育后期受害，上部心叶皱缩，表现花叶症状，中、下部叶片表现正常。

大豆芽枯病的病原是烟草环斑病毒，带毒种子长出的幼苗，生长点坏死，病苗易枯死，常造成缺苗。成株期受害后，茎的顶端向下弯，曲成钩状，逐渐枯死，顶芽也随之坏死。叶片生褐色锈斑，甚至病株茎秆上的茸毛也都变为红褐色。植株如果在开花前受害，则花芽坏死，基本不结实；在花期受害，植株只形成小而发育不良的荚；后期受害，植株上豆荚不饱满，荚上有明显的黑斑。

（2）*标准防治措施* 大豆花叶病和芽枯病均以种子传播为主，播种带病毒的种子会引起发病，在田间通过蚜虫蔓延。因此，防治方法是选育抗病品种；播前严格选种，清除褐斑粒和其他病粒，做到病粒不下田；彻底消灭蚜虫是防治大豆花叶病的重要措施。

4. 大豆灰斑病

(1)危害及症状　大豆灰斑病又称褐斑病、斑点病或蛙眼病。大豆灰斑病是世界性病害，也是我国大豆主产区的重要病害，尤以在东北三省危害严重。该病原为黑龙江省东部低洼易涝地区的主要病害。1963 年统计，合江地区因灰斑病损失大豆达 1 000 万千克，20 世纪 80 年代以来，逐步向西蔓延，现已成为全省性的大豆病害。近年来由于大豆重、迎茬面积增加，使灰斑病愈来愈重。大豆灰斑病是黑龙江省大豆生产中常发生的间歇性流行病害。病害流行的年份，造成大豆产量、品质严重损失，一般要减产 5%～10%，严重时减产达 30%～50%，百粒重下降 2～3 克，蛋白质和油分含量均有不同程度降低。大豆灰斑病对大豆叶、茎、荚、籽实均能造成危害，其中以叶片和籽实最重。子叶上病斑呈圆形、半圆形或椭圆形，深褐色，略凹陷。叶片上的病斑多为圆形、椭圆形或不规则形，病斑中央灰白色，周围红褐色，与健康部分界清晰，这是区分灰斑病与其他叶部病害的主要特征。气候潮湿时，病斑背面有密集的灰色霉层，即病菌的分生孢子梗和分生孢子，严重时一叶片上可生几十个病斑，使叶片提早脱落。茎、枝和叶柄上结荚后产生椭圆形或纺锤形病斑，中央褐色，边缘红褐色，发病后期中央灰色，边缘黑褐色，其上布满微小黑点。荚上病斑呈圆形或椭圆形，形状、颜色与叶上病斑相同。种粒上病斑圆形至不规则形，中央灰色，边缘红褐色，形成蛙眼。

大豆灰斑病菌生理分化现象十分明显，生理小种类型较多。东北春大豆区目前已报道有 14 个生理小种。其中以 1 号小种出现频率最高，为 50%，分布也最广，在合江、牡丹江、松花江、嫩江和绥化等地区都是 1 号生理小种占优势；其次是 7 号生理小种，出现频率为 22%。黑河地区 1 号和 7 号生理小种出现频率相同。1 号和 7 号两个生理小种是黑龙江省大豆产区的优势生理小种，10 号生理小种出现频率为 9%，占第三位。

大豆灰斑病与温、湿度关系密切。对灰斑病菌孢子萌发来说，温度是基础，湿度是关键，孢子萌发最低温度为 12℃，以 21℃～26℃为最适温度，超过 35℃萌发率明显降低。萌发的最低湿度为 65%～75%，湿度越大，萌发率越高。黑龙江省大豆灰斑病发病初期是 7 月初，于 8 月下旬至 9 月初达到高峰，如果 7 月上旬到 8 月中旬雨量大，雨天多，相对湿度大，发病就重。

(2)*标准防治措施*　选用抗病品种。近年来黑龙江省审定推广的大豆品种都是抗或高抗灰斑病优势生理小种的新品种，但要注意在一个地区连续种植一个抗病品种之后，由于品种压力作用，会引起生理小种的变化，而使抗病品种丧失抗性，因此，要几个品种交替使用，延长品种的使用年限。

药剂防治时播前用种子重量 0.3%的 50%福美双+50%多菌灵可湿性粉剂拌种，可提高保苗率，降低苗期危害；在发病盛期前可采用 40%多菌灵胶悬剂，每公顷 1 500 克，稀释成 1 000 倍液喷雾；50%多菌灵可湿性粉剂或 70%甲基托布津，每公顷 1 500～2 250 克对水稀释成 1 000 倍液；2.5%溴氰菊酯乳油，每公顷 600 毫升与 50%多菌灵可湿性粉剂 1 500 克混合，可兼防大豆食心虫。药剂防治要抓住防治时机，田间一次施药的关键时期是始荚期至盛荚期。

另外，清除田间病株残体，进行大面积轮作，及时中耕除草，排除田间积水，合理密植等措施均可减轻发病程度。

5. 大豆紫斑病

(1)*危害及症状*　大豆紫斑病可侵染豆叶、茎秆、豆荚和种子，尤其以种子上的病斑最明显，在种脐附近，表面变为紫色，严重时变为紫黑色。紫斑病主要以菌丝在种子上越冬，也可在病叶、豆荚上越冬。如果结荚期多雨，温度偏高，则籽粒病斑加重。

(2)标准防治措施　选用抗病品种并于播前选种和种子处理，用种子重量0.5%～0.8%的50%福美双可湿性粉剂或0.3%敌克松拌种；开花期用65%代森锌可湿性粉剂400～500倍液喷雾；采取秋翻等能促进病残体腐烂的农业措施，减少翌年初侵染源，降低危害程度。

6. 大豆根腐病

(1)危害及症状　大豆根腐病主要在苗期发生，病苗的主根和靠地面的茎基部形成红褐色、略凹陷的病斑，皮层开裂呈溃疡状。幼苗被害严重时，茎基部变褐、细缩、折倒、枯死；幼株被害严重时，植株变黄，生长迟缓矮小。大豆根腐病菌在土壤中越冬，当苗期多雨、地温低、土壤湿度大或地势低洼、排水不良和土壤黏重情况下发病重。重、迎茬地发病重，高粱茬地种大豆发病也重。此病菌还侵染甜菜、高粱、茄子和烟草等作物。

(2)标准防治措施　用药剂拌种包衣，可用黑龙江省农业科学院植保研究所研制的“大豆微复药肥”拌种；也可用50%福美双可湿性粉剂或50%多菌灵可湿性粉剂拌种，按种子量的0.5%拌种。

7. 大豆疫霉根腐病　大豆疫霉根腐病是一种毁灭性土传大豆病害之一。在美国、澳大利亚、加拿大和日本等国均有病害发生报道。我国黑龙江、吉林、辽宁和北京等省、市均有该病发生，特别是在黑龙江省发病较重。大豆疫霉根腐病发生时，植株整株快速枯死，尤其在高温、多雨季节发病最重。起初顶端生长点和顶部叶片枯死，紧接着全株枯死。发病速度快、死亡率高是该病害发生的特点。我国这方面的研究很少，但发病范围在不断扩大，又由于是毁灭性病害，需要引起高度注意。

防治该病害的方法是：加强疫情监控，防止疫情扩展；加速培育抗病品种，并注意抗病品种与病菌生理小种的关系；实行垄作，提高土壤排水能力，以减轻大田中植株间的传染危害。

8. 大豆菌核病 大豆菌核病是由子囊菌亚门的真菌侵染引起的。真菌以菌核在土壤内、病株残体中或混在种子里越冬，第二年在适宜的环境里产生子囊盘和子囊孢子，引发大豆菌核病。

(1)发病原因

①前茬作物对发病的影响 大豆菌核病除危害大豆外，还可侵染菜豆、蚕豆、马铃薯、白菜、向日葵和胡萝卜等383种寄主植物。近几年由于种植业结构的调整，各种经济作物发展迅速，造成大豆前茬的多样性，再加上不合理的轮作，使大豆菌核病发病率逐年升高。据调查，前茬为菜用豆类的大豆田，发病率最高的是前茬种植豇豆的地块，发病率为41.7%；其次是前茬种植菜豆的地块，发病率为8.7%。前茬为向日葵的大豆田，每平方米含菌核可达6.18克；前茬为油菜的大豆田，菌核病发病率比正常轮作大豆田时，高出20～50个百分点。

②大豆重、迎茬对发病的影响 由于受经济利益的驱动，一些种植户在自己承包的土地上连年种植大豆，导致大豆菌核病发病较重。对重、迎茬大豆菌核病发病率调查，迎茬发病率为5.6%，重茬发病率为11.2%，而且随着重茬年数的增加，发病率相应越高，重茬3年发病率为13.7%，重茬4年发

病率为 28.5%,重茬 5 年发病率为 37%。

③气候对发病的影响　大豆菌核病发病率较高与 6 月份降水量大有直接关系,低温、寡照、潮湿的土壤引发了菌核病病菌的萌发,造成对大豆的再次侵染,致使许多地块大豆大面积死亡。

④整地方式对发病的影响　土地不平,排水不畅;封垄前未及时中耕培土,使菌核病病菌有了萌发的机会。

⑤种植密度及施肥对发病的影响　大豆种植过密或施用氮肥过多,致使植株繁茂,透气性差,湿度增加,促使菌核病病菌萌发。

(2)标准防治方法

①合理轮作　防治大豆菌核病的最基本措施是合理轮作。发病严重的地块,应与禾谷类作物轮作 3 年以上,不能与菌核病的寄主植物,如菜豆、马铃薯、油菜和向日葵等轮作,避免重茬,减少迎茬,可减轻大豆菌核病的发生。

②改进土壤耕作措施　对发病的地块进行深耕,深度不小于 15 厘米,将菌核深埋在土壤中,可抑制菌核萌发,减少侵染来源。做到及时排除田间积水,降低大豆田间湿度,可降低菌核病的发病率。

③合理施肥与密植　适当控制氮肥的施用量,增施钾肥,并进行合理密植,例如,在红兴隆地区主要采用三垄栽培法种植大豆,以每公顷保苗 25 万~31 万株为宜。

④消灭菌源　感染菌核病的残枝是大豆菌核病病菌的主要来源,当病田收获后,应将病残体收集烧毁,不能留在田间。生产用种需从无病田留种,确保种子不带病菌。

⑤药剂防治　发病初期可喷施 50%速克灵,或 40%菌核净可湿性粉剂 1 000 倍液,也可喷施 50%多菌灵可湿性粉剂

500 倍液，用药液量 600 千克/公顷，可降低发病率。

(二)大豆生长期间的主要虫害及防治

1. 大豆蚜虫(腻虫)

(1)危害及症状　大豆蚜虫分有翅胎生雌蚜(体长 0.9～1.6 毫米)和无翅胎生雌蚜(体长 1.52～1.95 毫米)(图 6-1)。有翅蚜能迁飞，使为害范围扩大。大豆蚜虫为害盛期在 6 月底、7 月初。一般 6 月中下旬开始在大豆田出现，持续高温，干旱少雨，容易使蚜虫大量发生，越干旱为害越重。

大豆蚜虫以刺吸式口器吸食汁液，常常聚集在大豆的幼嫩部(顶叶、嫩叶、嫩茎和幼荚)为害。豆叶被害处叶绿素消失，形成鲜黄色的不规则形的黄斑，而后黄斑逐渐扩大，并变为褐色。受害严重的植株，茎叶卷缩、发黄、植株矮小，分枝和结荚减少，从而影响大豆产量。大豆蚜虫还可传播大豆花叶病毒，造成更大的损失。

(2)标准防治方法

①保护天敌　大豆蚜虫的天敌较多，有草蛉、捕食性瓢虫、寄生蜂和食蚜蝇等，在天敌数量多时，对蚜虫的数量有抑制作用。

②药剂防治　防治大豆蚜虫时，关键是早期发现、早期防治。当田间有蚜植株比例在 50%以上，百株蚜虫数量达1 500头时，进行全面防治。每公顷用 10%吡虫啉 225～300 克或 50%抗蚜威 150～300 克，加水 450～750 升喷雾。

2. 大豆红蜘蛛

(1)危害及症状　大豆红蜘蛛呈红色或锈红色。雌虫体长 0.42～0.52 毫米，体宽 0.28～0.32 毫米；雄虫体长0.26～0.36 毫米，体宽 0.19 毫米，均有 4 对足，背上有刚毛。红蜘

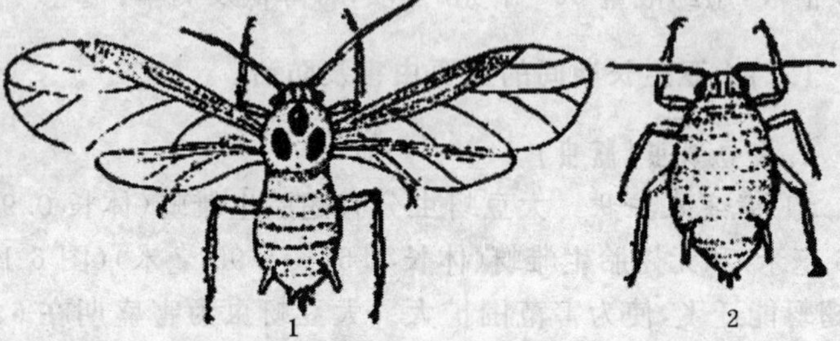

图 6-1 大豆蚜虫

1. 有翅胎生雌蚜 2. 无翅胎生雌蚜

蛛食性杂，为害植物种类多。大豆田间杂草多或植株稀疏地块，发病较严重；逢干旱少雨年份发生也较重。大豆红蜘蛛在豆叶背面吸食汁液，受害大豆叶片初期呈黄白色斑点，严重时，全叶卷缩、枯黄、脱落，受害大豆植株生长矮小，结荚少。

(2)标准防治方法 加强中耕管理，防除田间杂草，减少虫源；在发现零星大豆植株叶片上出现黄白斑危害状时，每公顷及时用 73%克螨特乳油 750 毫升对水喷雾；在大豆红蜘蛛盛发期把 15%扫螨净乳油稀释成 3 000～3 300 倍液，进行喷雾防治，每公顷用药液量为 525～750 千克。注意轮换用药，延缓抗药性产生。

3. 二条叶甲

(1)危害及症状 二条叶甲成虫体长 3～4 毫米，鞘翅黄褐色，两鞘中央各有一条略弯曲的纵行黑色条斑。足呈黄褐色，密被灰黄色细毛。二条叶甲成虫为害大豆子叶背面，形成浅沟状小洞。为害大豆真叶时，造成近圆形孔洞，影响大豆幼苗生长。花期则食害雌蕊，降低结荚的数量。二条叶甲幼虫在土中还会为害根瘤，使根瘤只剩空壳。

(2)*标准防治方法*　进行秋翻地，消灭越冬成虫，减轻来年为害程度；用高效内吸性药剂拌种，如用75% 3911乳油0.4～0.5升对水10～15升搅拌均匀，可拌大豆种子50千克，然后用塑料膜覆盖，每隔4小时翻动搅拌一次，共闷24～36小时，然后晾干、播种。成虫发生盛期，产卵前，喷施50%辛·氰乳油2 000倍液，进行杀灭。

4. 蛴　螬

(1)*危害及症状*　蛴螬是金龟子的幼虫，种类多，密度大时，危害也很严重。蛴螬为害大豆幼苗根部，造成幼苗干枯、死亡(图6-2)；如果为害成株大豆根部，会使大豆地上部分发黄、枯死，造成减产。

图6-2　蛴螬对大豆幼苗的危害

(2)*标准防治方法*　水旱轮作或大豆与粮食作物轮作，可减轻危害。翻地后人工拾虫，也可降低虫口密度。在成虫出土初期，飞翔能力弱，可以进行人工捕杀。大豆生长初期，蛴螬严重为害时，每公顷可用50%辛硫磷乳油4 500毫升，加水

11 250～15 000 升，配成毒水浇灌，重点是刚被为害植株及其周围，每棵浇药液 0.25 千克。也可雨前拌细土每公顷 750 千克，进行撒施。对趋光性较强的金龟子，还可实行灯光诱杀，以减少虫口密度。

5. 大豆根潜蝇

(1)危害及症状　大豆根潜蝇成虫为黑色的小蝇，体长 2.5～3 毫米。头比胸大，复眼大，红褐色。幼虫圆管形，老熟幼虫体长 4 毫米，淡黄色，半透明，虫体前粗后细。大豆根潜蝇的幼虫为害大豆幼苗根部皮层，被害根变粗、变褐，或纵裂，或畸形增生成肿瘤。大豆幼苗早期受害，生长速度减慢，植株矮小，叶色黄，受害严重者逐渐死亡。幼虫化蛹后，受害植株的根部伤口可逐渐愈合，植株虽恢复生长，但根瘤较少，顶叶发黄，荚少，产量低。

(2)标准防治方法　在大豆收获后进行秋翻地，将蝇蛹深埋土中，可降低翌年的羽化率，减轻危害；培育壮苗，增施磷、钾肥，促进幼苗生长和根皮的木质化，可增强植株对害虫的抵抗能力。还可用 50%辛硫磷乳油，按种子重量的 0.1%进行拌种。在虫口密度为 2.5～5 头/5 平方米时，每公顷应用 40%乐果乳油或 80%敌敌畏乳油 1 500 毫升，对水喷雾。

6. 豆秆黑潜蝇

(1)危害及症状　豆秆黑潜蝇一般 1 年发生 4 代，尤其是第二、第三代量大而且危害重。越冬代成虫的发生盛期在 6 月上旬。第一代幼虫的发生盛期在 6 月末，在春播大豆上蛀食为害；成虫的发生盛期在 7 月中旬，此时进入夏大豆繁殖期。第二代幼虫的发生盛期在 7 月末至 8 月初，蛀食为害初花期大豆；成虫的发生盛期在 8 月中旬，此时大豆处于盛花期。第三代幼虫在 8 月中旬，大豆开花末期至初荚期为害最重;成虫发生盛期在 9 月上旬。第四代幼虫发生盛期在 9 月中旬末,为害晚播大豆。豆秆黑潜蝇以幼虫蛀食豆秆的叶柄、分枝、主茎的髓部和木质部,影响植株的水分和养分的输导,造成植株矮小,大豆结荚减少,豆粒变小,产量和品质下降。

(2)标准防治方法

①农业防治　选用抗性品种;适时播种,错开成虫最适宜产卵的生育期,减少落卵量;加强田间管理,培育壮苗,提高植株的抗虫性,以减轻受害。

②糖醋诱杀　于成虫盛发期,在盆内放入红糖 375 克、醋 500 毫升、白酒 125 毫升、敌百虫 0.5 克,加开水 500 毫升,稀释后放置田间。每 1.3～2.0 公顷放一盆,上午 6～9 时、下午 5～7 时诱杀,可减轻危害。

③药剂防治　主防成虫和初孵幼虫。每公顷可用 10%可湿性粉剂 225～300 克,或 40%乐果乳油 750～1 125 毫升,也可用每公顷 50%辛硫磷乳油 750 毫升,对水 750 升在豆苗盛花期开始时连喷两次,每 10 天喷洒 1 次;在夏至后出苗,则要提前到初花期开始喷洒,每 10 天喷 1 次,连喷 3 次即可。

7. 大豆食心虫

(1)危害及症状　在东北、华北、西北和华东等地都有发生,幼虫蛀入豆荚咬食豆粒,被害豆粒形成虫孔、破瓣或整个豆粒被吃光,降低大豆产量和品质(图 6-3)。受害轻重与地区、年份和大豆品种关系密切。一般年份减产 10%～20%,严重年份减产高达 30%～40%。该虫 1 年发生 1 代,老熟幼虫在豆地结茧越冬,第二年 7 月下旬变成蛹和成虫,产卵、孵化出幼虫,初孵化的幼虫呈乳黄色,蛀入豆荚里为害,老熟时变为橙红色。七八月份降水量较多,土壤湿度较大,有利于虫害的发生。

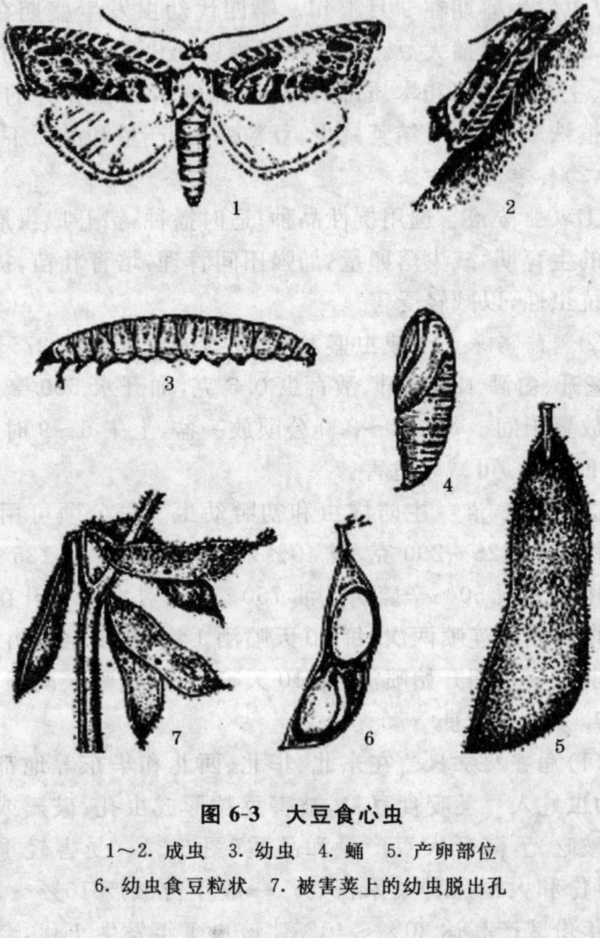

图 6-3 大豆食心虫

1～2. 成虫　3. 幼虫　4. 蛹　5. 产卵部位

6. 幼虫食豆粒状　7. 被害荚上的幼虫脱出孔

(2)标准防治方法

①农业防治　深耕细耙，减少越冬虫源。选用抗虫品种，轮作换茬，或错期播种，使大豆结荚期避开大豆食心虫的发蛾期。

②药剂防治　大豆食心虫的药剂防治关键是抓住时期。在成虫的发蛾盛期，豆田出现成团虫蛾飞翔的现象，黑龙江省大约在8月10日前后两天，辽宁省为8月12～19日。用5%甲拌磷颗粒剂，每公顷15千克拌土150千克，于成虫的发蛾盛期撒于田间，每4垄撒1垄；或用80%敌敌畏乳油，每公顷2 250克浸蘸20厘米长的高粱秆、玉米秆600～750根，每隔5垄插1垄，每走7～8步插1根；或用油毡软纸片(长20厘米× 宽3厘米)浸蘸80%敌敌畏乳油制成“缓释卡”，每公顷用药量1 500克，制成缓释卡750个，均匀挂在田间；或用2.5%敌杀死、5%来福灵、2.5%功夫、20%速灭杀丁等菊酯类农药，每公顷用量为300毫升，对水600升喷雾。

第七章　大豆收获及产品质量的标准化

大豆成熟时，能否掌握好适当的收获时间、采用适宜的收获方法以及能否适时脱粒和高质量的精选将直接影响大豆的产量和品质。

一、大豆收获标准化

（一）成熟期的标准

大豆进入鼓粒期以后，大量的营养物质向种子中运输，种子中干物质逐渐增多，而水分逐渐减少。当种子水分减少到18％～20％时，种子因脱水而归圆。从植株外部形态看，此时叶片大部分变黄，有的开始脱落，茎的下部已变为黄褐色，籽粒与荚皮开始脱离，即为大豆的黄熟期。此后种子水分进一步减少，茎秆变褐色，叶柄基本脱落，籽粒已归圆，呈现本品种固有的颜色，摇动植株时种子在荚内发出响声，即达到了成熟期标准。

（二）标准收获时期

大豆的标准收获时期要求比较严格，收获过早或过晚对产量和品质都有不利影响。收获过早，籽粒没有充分成熟，会造成产量和品质下降。在进行机械收获时还会因茎秆含水量高，造成泥花粒增多，影响外观品质。收获过晚，容易因炸荚而造成损失。一般情况下，大豆黄熟期收获最为适宜，但由于此时籽粒含水量较高，要注意防止霉变。完熟期过后进行收获，虽然对脱粒和贮藏有好处，但由于成熟过度，往往炸荚严重，造成产量损失。成熟时期遇干旱的地区和年份，可以适当早收，黄熟期即可收获；成熟期降水较多的地区和年份，要适当晚收，以降低收获、晾晒、脱粒的难度。人工收获应在黄熟末期进行，以大豆叶片脱落80%、豆粒开始归圆为标准开始收获；机械收获应在完熟初期进行，以叶片全部脱落，籽粒呈品种固有形状和色泽为标准开始收获。

(三)收获方法的标准

收获方法主要有人工收获和机械收获。机械收获又可分为联合收割机收获和割晒机收获。人工收获机动灵活，收获质量好，产量损失少，籽粒商品性好，但效率低下，不能满足集约化生产的需要。联合收割机收获工作效率高，适合大面积作业，但产量损失较大，籽粒商品性降低。用联合收割机收获时，为了提高收获质量，应针对不同品种和不同收获时期，适当调整收割台的挡风板、木翻轮、滚筒转数、凹板凸数和筛孔大小等，以减少收割和脱粒损失。联合收割机收割的质量标准为：割茬高度以不留底荚为准，综合损失率小于3%，收割损失率小于1%，脱粒损失率小于2%，破碎率小于5%，清洁率大于95%。割晒机收获的工作效率较人工收获有很大提高，同时又可保证籽粒的商品品质，但与联合收割机相比，工作效率还是很低的。

(四)脱粒符合的标准

除用联合收割机收获能实现收割脱粒一次完成外，人工收割和割晒机收割都需要单独脱粒。脱粒质量的高低也会影响大豆的产量和品质。脱粒净、破碎率低、杂质少是脱粒的基本要求。目前，多采用以下 3 种脱粒方法：一是动力谷物脱粒机脱粒；二是畜力或拖拉机牵引镇压器打场；三是人工敲打脱粒。用脱粒机进行脱粒，效率高，但破碎率也较高，在生产中动力谷物脱粒机脱粒更能达到高效生产的标准，适于大面积种植户选用；用牵引的镇压器打场，破碎率少，效率也较高，适于较小种植规模的农户选用；人工敲打脱粒，破碎率低，但效率也低，只适于南方地区小面积种植户采用。在生产出口纳豆（小粒豆）时，为了防止机械脱粒造成破瓣超标或机械收获脱粒时泥花率超标，建议采用畜力或拖拉机牵引镇压器打场和人工敲打脱粒的方法。

脱粒后要求优质的无公害商品大豆达到如下标准：破碎率不超过 2%；杂质率不超过 1%；虫口率不超过 1%；青豆率不超过 2%；含水量在 15%以下。对于高油、高蛋白等加工专用型大豆的生产或绿色食品大豆的生产，要做到单收、单运、单脱粒、单贮存，确保不与其他大豆混杂，保证大豆产品能达到相应标准的要求。同时对生产的全过程要做档案记载，以备查阅。

二、大豆产后管理标准化

（一）种子精选加工

精选是提高大豆商品质量、增强市场竞争力和提高大豆价格的有效措施。精选大豆的方法主要包括风选和机选。风选就是利用成熟、完好的大豆籽粒与未成熟、破碎的大豆籽粒及杂质的比重不同，在外力作用下成熟大豆籽粒在空气中运动的距离与未成熟籽粒及杂质运动的距离不同，从而将成熟完好的大豆籽粒与未成熟、破碎的大豆籽粒及杂质分开。在风选中为保证精选质量，应严格分级，将大豆与杂质分开。当前机选主要有两种：一种是比重精选，利用比重不同将完好健康的大豆籽粒与不成熟籽粒、霉变籽粒及杂质分开；另一种是筛选，利用大小不同的筛孔将大豆与杂质分开。

为了使大豆种子加工更加规范化，由黑龙江省农副产品加工机械化研究所起草，制定了地方标准《大豆种子加工技术规范》(DB23/T1038)，该标准规定了大豆种子加工术语和定义、一般要求、加工全过程技术要求、成品质量及检验。该标准适用于使用大豆种子加工成套设备和复式清选机加工各类大豆种子。该标准规定，原料大豆种子质量要求达到：净度不低于96%；纯度、发芽率、水分应符合国家标准 GB/T4404.2 中的规定。另外，1 千克原料大豆种子中异形杂质含量超过 50 粒时，应单独贮放，集中加工。大豆种子加工一般工艺流程为：上料→风筛选→重力分选→形状分选→包衣→定量包装→贮藏。经过种子加工后，最终应达到表 7-1 所列的加工质量标准。

表 7-1　大豆加工成品质量

项　目		指标值
净度(%)	成套设备	≥99
	复式清选机	≥98
异形杂质含量(粒・千克$^{-1}$)		≤3
包衣种子合格率(%)		≥95
种衣剂脱落率(%)		≤2
种皮皱纹		无
包装计量精度(%)		±0.2
包装成品合格率(%)		≥98

(二)包 装

大豆多采用麻袋、塑料编织袋和塑料袋包装。麻袋包装和塑料编织袋包装多用于大批量大豆的贮藏与运输。塑料袋包装则主要用于大豆种子的包装与运输。

(三)贮 藏

由于大豆富含蛋白质和脂肪，在同样条件下，大豆的贮藏期远远短于其他作物。贮藏条件和方法不适当，会大大降低大豆种子的活力和有效成分含量。大豆贮藏应达到的标准是，使大豆籽粒在贮藏期间能保持种用、食用及其他用途要求的优良品质，不霉烂变质，并使蛋白质和脂肪含量及品质的损失降低到最小限度。大豆易走油、赤变，经过高温季节贮藏的大豆，往往出现两片子叶靠脐部色泽变红，之后子叶红色加深并扩大，严重的发生浸油，同时高温高湿还使大豆发芽力降低。大豆走油、赤变后，出油率减少，豆油色泽加深，做豆腐有酸败味，做豆浆颜色发红。

大豆贮藏时水分和温度是影响贮藏质量的重要因素。为了保证大豆达到安全贮藏，应做好以下几项工作。

1. 充分干燥 充分干燥是大豆能安全贮藏的关键。长期安全贮藏的大豆水分必须在12%以下，超过13%就有霉变的危险。大豆入库后，如果水分过高，仍须进一步晾晒。在晾晒过程中温度以不超过44℃～46℃为宜。晒干后，应先摊开冷却，再分批入库。对于种子用大豆应在较低温度下晾晒，更为安全稳妥。

2. 低温密闭贮藏 由于大豆导热性不良，在高温情况下，又易引起赤变，所以应采取低温密闭的贮藏方法。一般可趁寒冬季节，将大豆转仓或出仓冷冻，使种子温度充分下降后，再进仓密闭贮藏，最好表面加一层压盖物。例如，在冬季入库的大豆表层上面压盖一层经过清理和消毒的旧麻袋。这样可防止大豆直接从大气中吸湿，并具有一定隔热性能，可以保持原有的正常色泽和品质。

3. 及时倒仓，通风、散湿 新收获的大豆正值秋末至冬初季节，气温逐渐下降，大豆入库后，还需进行后熟作用，放出大量湿热，如不及时散热，就会引发霉变。大豆入库 3～4 周，应及时进行倒仓，通风、散湿，过筛除杂，以防止出“汗”发热，霉变、红变等异常情况的发生。

4. 种子不宜堆放过高 大豆种子贮藏，温度在 15℃以下、含水量在 12%以下时，堆放高度散堆以不超过 1.5 米、袋装以 8 个标准麻袋高为宜。若温度或水分有一项高于以上标准，堆放高度就要相应降低。垛与墙之间，垛与垛之间，都要合理安排间距，在考虑空气流通的同时，又要有利于仓库保管人员定期进行库检。种子低温密闭贮藏后除仓库保管人员定期检查外，还要尽量减少库的开关次数。

5. 做到专仓专用 库内不能同时堆放化肥或农药等有毒物品，以免产生挥发性气体进入种子内，造成污染。

我国各地气候条件不同，温度和雨量差异很大，因此，各地贮藏大豆的方法也不尽相同。贮藏方法还因用途、贮藏量的不同而有差异。一般有以下一些方法。

(1)*袋贮* 北方地区常将大豆装入麻袋或塑料编织袋，放在室内或室外比较干燥的地方堆积贮藏。这种方法适于留种和少量商品大豆的贮藏。在不受潮湿的情况下，此法可使大豆种子在半年到一年内不发生变质，不影响发芽，但应注意底层麻袋的通风透气，经常检查种子的水分和温度变化。

(2)瓮贮　长江流域各地因气温高、雨水多、湿度大，为保持作种子用的大豆的发芽率，多采用瓮、罐或坛等容器贮藏。这样贮藏的大豆种子，由于不受外界空气中水汽的影响，在较长时间内不会降低发芽率。但由于容量较小，贮藏量有限。

(3)仓贮　在种子数量或生产规模较大的地方，应建设标准仓库用来贮藏大豆。标准仓库通风、通气、防潮、防热，贮藏时间较长，大豆也不易变质，是贮藏大豆最好的方法，但成本相对较高。

在进行高油、高蛋白加工专用型大豆或绿色食品大豆生产时，在大豆收入场院晾晒后，应及时入库，并实行单品种单独堆放、单独保管，定期检查温度，注意防虫、防霉。

三、大豆品质质量标准化

(一) 无公害大豆品质质量标准

1. 大豆原粮质量标准　为了保证收购大豆原粮的质量，早在 1978 年国家有关部门就制定了国家标准《大豆》(GB1352)。1986 年又根据新形势的要求，对该标准进行了修订，修订后的《大豆》(GB1352)标准适用于商品大豆的收购、销售、调拨、贮存、加工和出口。该标准根据大豆的种皮色和粒形分为五类：黄大豆(东北黄大豆，一般黄大豆)、青大豆(青皮青仁大豆，青皮黄仁大豆)、黑大豆(黑皮青仁大豆，黑皮黄仁大豆)、其他大豆(种皮为褐色、棕色、赤色等单一颜色的大豆)、饲料豆(秣食豆)。并按纯粮率对大豆质量进行了分等分级，表 7-2 为该标准规定的等级指标和其他质量指标值。标准规定各类大豆以三级为中等标准，低于五级的为等外大豆。

表 7-2　大豆等级指标及其他质量指标　（%）

纯粮率		杂质	水分		色泽、气味
等级	最低指标		东北、华北地区	其他地区	
1级	96.0	1.0	13.0	14.0	正常
2级	93.5				
3级	91.0				
4级	88.5				
5级	86.0				

2. 豆制食品业用大豆和油脂业用大豆质量标准　为了规范大豆行业市场，保证我国大豆产业的健康发展，根据豆制品食品行业和油脂加工行业的需要，1988 年国家又颁布了《豆制食品业用大豆》(GB8612)和《油脂业用大豆》(GB8611)标准。《豆制食品业用大豆》标准适用于豆制食品业用大豆，该标准以水溶性蛋白含量为分等依据，将大豆分为 3 个等级，低于三级的大豆为等外大豆，等外大豆不能作豆制食品业的原料使用。表 7-3 为豆制食品业所用大豆的等级指标及其他质量指标。

表 7-3　豆制食品业所用大豆的等级指标及其他质量指标　（%）

水溶性蛋白（干基）		杂质	水分	子叶变色粒	病斑粒与霉变粒合计	虫食粒与破碎粒合计	色泽、气味
等级	最低指标						
1级	34.0	≤1.0	≤14.0	≤5.0	≤2.0	≤10	正常
2级	32.0						
3级	30.0						

《油脂业用大豆》标准适用于油脂业所用大豆。该标准规定，油脂业所用大豆按脂肪含量进行分等，等级指标及其他质量指标见表 7-4。低于五级的大豆不能作为油脂业的原料使用。

表 7-4　油脂业用大豆等级指标及其他质量指标　(%)

等　级	脂肪(干基)	杂　质	水　分	子叶变色粒	不完善粒		色泽、气味
					总　量	其中:霉变粒	
1 级	≥20	≤1.0	≤14.0	≤20.0	≤20.0	≤5.0	正常
2 级	≥19						
3 级	≥18						
4 级	≥17						
5 级	≥16						

3. 高蛋白大豆和高油大豆质量标准　近年来，为了充分发挥黑龙江省大豆优势产业带的作用，黑龙江省农业主管部门，参照美国等大豆主产国的大豆质量标准，并根据近年来黑龙江省商品大豆的脂肪、蛋白质含量检测结果，分别制定了《高蛋白大豆》(DB23/T795)和《高油大豆》(DB23/T791)地方标准。《高蛋白大豆》标准适用于豆制食品业所用大豆，以及作为分离提取大豆蛋白原料的商品所使用的高蛋白大豆。高蛋白大豆按蛋白质含量定等，质量等级指标见表 7-5。《高油大豆》标准适用于油脂业所用大豆。高油大豆按脂肪含量定等，等级指标见表 7-6。

表 7-5　高蛋白大豆质量等级指标　(%)

<table>
<tr><th rowspan="2">等级</th><th colspan="2">蛋白质</th><th rowspan="2">蛋白质和脂肪总量（干基）</th><th colspan="5">最高限量</th><th rowspan="2">色泽、气味</th></tr>
<tr><th>干基≥</th><th>13%湿基≥</th><th>杂质</th><th>水分</th><th>子叶变色粒</th><th>病斑粒与霉变粒合计</th><th>虫食粒与破碎粒合计</th></tr>
<tr><td>1 级</td><td>45.0</td><td>39.0</td><td>62.0</td><td rowspan="3">1.0</td><td rowspan="3">14.0</td><td rowspan="3">5.0</td><td rowspan="3">2.0</td><td rowspan="3">10.0</td><td rowspan="3">正常</td></tr>
<tr><td>2 级</td><td>44.0</td><td>38.0</td><td>60.0</td></tr>
<tr><td>3 级</td><td>43.0</td><td>37.0</td><td>60.0</td></tr>
</table>

表 7-6　高油大豆质量等级指标　(%)

<table>
<tr><th rowspan="2">等级</th><th colspan="2">脂肪</th><th rowspan="2">蛋白质和脂肪总量（干基）</th><th colspan="5">最高限量</th><th rowspan="2">色泽、气味</th></tr>
<tr><th>干基≥</th><th>13%湿基≥</th><th>杂质</th><th>水分</th><th>子叶变色粒</th><th>病斑粒与霉变粒合计</th><th>虫蚀粒与破碎粒合计</th></tr>
<tr><td>1 级</td><td>22.5</td><td>19.6</td><td>60.0</td><td rowspan="3">1.0</td><td rowspan="3">14.0</td><td rowspan="3">5.0</td><td rowspan="3">3.0</td><td rowspan="3">10.0</td><td rowspan="3">正常</td></tr>
<tr><td>2 级</td><td>22.0</td><td>19.1</td><td>60.0</td></tr>
<tr><td>3 级</td><td>21.5</td><td>18.7</td><td>60.0</td></tr>
</table>

4. 绿色食品大豆质量标准　1995 年农业部颁布了《绿色食品大豆》(NY/T285)标准，该标准规定了绿色食品大豆的术语，技术要求，检验方法，检验规则及标志、包装、运输和贮藏。并明确该标准只适用于获得绿色食品标志的大豆产品。标准规定大豆原料产地环境，必须符合绿色食品产地的环境标准；大豆的感官要求必须具有正常大豆的色泽及气味，不得有发霉变质现象；同时必须符合表 7-7 规定的理化指标。进行绿色食品大豆检验时，检验项目包括感官、理化要求中的全

部项目。受检样品的感官指标和卫生指标必须合格；其他指标允许有一项不合格，当不合格指标超过一项时，则判定整批产品为不合格品。

表 7-7 绿色食品大豆的理化指标

项　　目	指　　标
纯粮率(%)	≥96
杂质(%)	≤1.0
不完善粒(%)	≤9.0
水 分(%)	≤13
蛋白质(干基)(%)	≥40
脂肪(干基)(%)	≥20
磷化物(以 PH_3 计)(毫克·千克$^{-1}$)	≤0.04
氰化物(以 HCN 计)(克·千克$^{-1}$)	≤0.2
氯化物(毫克·千克$^{-1}$)	≤0.2
二硫化碳(毫克·千克$^{-1}$)	≤1.0
砷(毫克·千克$^{-1}$)	≤0.1
氟(毫克·千克$^{-1}$)	≤0.8
汞(毫克·千克$^{-1}$)	≤0.01
黄曲霉毒素 B_1(微克·千克$^{-1}$)	≤5
滴滴涕(毫克·千克$^{-1}$)	≤0.05
六六六(毫克·千克$^{-1}$)	≤0.05
马拉硫磷 (毫克·千克$^{-1}$)	≤0.1
乐果(毫克·千克$^{-1}$	≤0.02
敌敌畏(毫克·千克$^{-1}$)	≤0.05
杀螟硫磷(毫克·千克$^{-1}$)	≤0.2
倍硫磷(毫克·千克$^{-1}$)	≤0.02

注：其他农药施用方式及其限量应符合 GB8321、GB4285 及中国绿色食品发展中心所制定的"生产绿色食品农药使用准则"之规定

（二）无公害食品豆油品质质量标准

1. 大豆油质量标准 2003年国家颁布了《大豆油》(GB1535)国家标准，该标准将大豆油分为大豆原油和压榨成品大豆油、浸出成品大豆油三类。大豆原油是指未经任何处理的不能直接供人类食用的大豆油；压榨成品大豆油是指大豆经直接压榨制取的，经处理符合成品油质量指标和卫生要求的，可直接供人类食用的大豆油；浸出成品大豆油为大豆经浸出工艺制取的，经处理符合成品油质量指标和卫生要求的，可直接供人类食用的大豆油。《大豆油》标准规定了油的特征指标（表7-8）及质量分等指标（表7-9，表7-10）。凡标志“大豆油”的产品均应符合该标准规定。另外，标准还规定如果加

表7-8 大豆油的特征指标

项目	指标
折光指数	1.466～1.470
相对密度	0.919～0.925
碘值(I)（克·100克$^{-1}$）	124～139
皂化值(KOH)（毫克·克$^{-1}$）	189～195
不皂化物（克·千克$^{-1}$）	≤15
脂肪酸组成(%)	
十四碳以下脂肪酸	ND～0.1
豆蔻酸 C14：0	ND～0.2
棕榈酸 C16：0	8.0～13.5
棕榈一烯酸 C16：1	ND～0.2
十七烷酸 C17：0	ND～0.1

续表 7-8

项目	指标
十七碳一烯酸 C17∶1	ND～0.1
硬脂酸 C18∶0	2.5～5.4
油酸 C18∶1	17.7～28.0
亚油酸 C18∶2	49.8～59.0
亚麻酸 C18∶3	5.0～11.0
花生酸 C20∶0	0.1～0.6
花生一烯酸 C20∶1	ND～0.5
花生二烯酸 C20∶2	ND～0.1
山嵛酸 C22∶0	ND～0.7
芥酸 C22∶1	ND～0.3
木焦油酸 C24∶0	ND～0.5

注：1. 上列指标与国际食品法典委员会标准 CODEX STAN 210-1999《指定的植物油法典标准》中的指标一致；

2. ND 表示未检出，定义为 0.05%

表 7-9 大豆原油质量指标

指标类型	项目	质量指标
非强制指标	气味、滋味	具有大豆原油固有的气味和滋味，无异味
	水分及挥发物(%)	≤0.20
	不溶性杂质(%)	≤0.20
强制指标	酸值(KOH)(毫克·克$^{-1}$)	≤4.0
	过氧化值(毫摩尔·千克$^{-1}$)	≤7.5
	溶剂残留量(毫克·千克$^{-1}$)	≤100

表 7-10　压榨成品大豆油、浸出成品大豆油质量指标

指标类型	项目		质量指标			
			一　级	二　级	三　级	四　级
非强制指标	色泽	罗维朋比色槽 25.4 毫米 ≤	—	—	黄 70 红 4.0	黄 70 红 6.0
		罗维朋比色槽 133.4 毫米≤	黄 20 红 2.0	黄 35 红 4.0	—	—
	气味、滋味		无气味、口感好	气味、口感良好	具有大豆油固有的气味和滋味，无异味	具有大豆油固有的气味和滋味，无异味
	透明度		澄清、透明	澄清、透明	—	—
	水分及挥发物(%) ≤		0.05	0.05	0.10	0.20
	不溶性杂质(%) ≤		0.05	0.05	0.05	0.05
	加热试验(280℃)		—	—	无析出物，罗维朋比色：黄色值不变，红色值的增加小于 0.4	微量析出物，罗维朋比色：黄色值不变，红色值增加小于 4.0，蓝色值增加小于 0.5
	含皂量(%)≤		—	—	0.03	—
	烟点(℃) ≥		215	205	—	—
	冷冻试验(0℃贮藏 5.5 小时)		澄清、透明	—	—	—

续表 7-10

指标类型	项目		质量指标			
			一级	二级	三级	四级
强制指标	酸值(KOH)(毫克·克$^{-1}$)≤		0.20	0.30	1.0	3.0
	过氧化值(毫摩尔·千克$^{-1}$)≤		5.0	5.0	6.0	6.0
	溶剂残留量(毫克·千克$^{-1}$)	浸出油	不得检出	不得检出	≤50	≤50
		压榨油	不得检出	不得检出	不得检出	不得检出

注:划有"—"者不做检测。压榨油和一、二级浸出油的溶剂残留量检出值小于10毫克·千克$^{-1}$时,视为未检出

工原料是转基因大豆,转基因大豆油要按国家有关规定标志,在包装上要标明"转基因"字样,以维护消费者的知情权。压榨大豆油、浸出大豆油要在产品标签中分别标志"压榨"和"浸出"字样。

2. 绿色食品大豆油质量标准 1995年农业部颁布了《绿色食品大豆油》(NY/T286)标准,该标准规定:原料要求必须符合绿色食品大豆标准的大豆;原料产地环境要求必须符合绿色食品产地的环境标准。绿色食品大豆油的特征为:折光指数1.4720～1.4770,比重0.9180～0.9250,同时应满足表7-11所列的感官指标和表7-12所列的理化指标。

表 7-11　绿色食品大豆油的感官指标

项　目	要　求
色泽(罗维朋比色槽 25.4 毫米)	黄 70、红 4.0
透明度	澄清、透明、无任何悬浮物
气味、滋味	具有大豆油固有的气味和滋味,无异味

表 7-12　绿色食品大豆油的理化指标

项　目	指　标
水分及挥发物(%)	≤0.10
杂质 (%)	≤0.10
含皂量 (%)	≤0.02
加热试验 280℃	油色不得变深,无析出物
酸价(毫克・千克$^{-1}$)	≤1.0
过氧化值(毫摩尔・千克$^{-1}$)	≤10
羰基价(毫摩尔・千克$^{-1}$)	≤12
浸出油溶剂残留量(毫克・千克$^{-1}$)	≤15
砷(毫克・千克$^{-1}$)	≤0.08
汞(毫克・千克$^{-1}$)	≤0.05
黄曲霉毒素 B_1(微克・千克$^{-1}$)	≤5
苯并(a)芘(毫克・千克$^{-1}$)	≤5
马拉硫磷(毫克・千克$^{-1}$)	不得检出
乐果(毫克・千克$^{-1}$)	不得检出
敌敌畏(毫克・千克$^{-1}$)	不得检出
杀螟硫磷(毫克・千克$^{-1}$)	不得检出
倍硫磷(毫克・千克$^{-1}$)	不得检出

注:其他农药施用方式及其限量应符合 GB8321、GB4285 及中国绿色食品发展中心制定的“生产绿色食品农药使用准则”中的规定

3. 大豆油的贮藏标准　大豆油在贮藏中，容易受油脂本身所含水分、杂质及空气、光线、温度等环境因素的影响而酸败变质。因此，贮藏大豆油必须尽量减少其中的水分和杂质含量，贮藏在密封的容器中，放置在避光、低温的场所。通常的做法是，油品入库或装桶前，必须将装具洗净擦干，同时认真检验油品水分、杂质含量和酸价高低，符合安全贮藏要求的方可装桶入库。大豆油中水分、杂质含量均不得超过0.2%，酸价不得超过4。桶装油品不宜过多过少。装好后，应在桶盖下垫以橡皮圈，将桶盖拧紧，防止雨水和空气侵入。同时每个桶上要及时注明油品名称、等级、皮重、净重及装桶日期等，以便分类贮存和推陈贮新。桶装油品以堆放仓内为宜，如需露天堆放，桶底要垫以木块，使之斜立，桶口齐平排列，防止桶底生锈和雨水从桶口浸入；高温季节要搭棚遮荫，以防受热酸败；严冬季节在气温低的地区，无论露天或库内贮藏，都要用稻草、谷壳等围垫油桶，加强保温，防止油品凝固。

（三）无公害食品豆腐质量标准

《无公害食品豆腐》(NY5189)标准规定了豆腐的质量标准，该标准包括：加工用水要求，感官要求，理化指标以及卫生指标。

1. 加工用水要求　加工用水应符合国家标准《生活饮用水卫生标准》(GB5749)的规定。水质常规指标及限值见表7-13所列内容。

表 7-13 水质常规指标及限值

项目	限值
1. 微生物指标*	
总大肠菌群（MPN·100 毫升$^{-1}$或 CFU·100 毫升$^{-1}$）	不得检出
耐热大肠菌群（MPN·100 毫升$^{-1}$或 CFU·100 毫升$^{-1}$）	不得检出
大肠埃希氏菌群（MPN·100 毫升$^{-1}$或 CFU·100 毫升$^{-1}$）	不得检出
菌落总数（CFU·毫升$^{-1}$）	100
2. 毒理指标	
砷（毫克·升$^{-1}$）	0.01
镉（毫克·升$^{-1}$）	0.005
铬（六价，毫克·升$^{-1}$）	0.05
铅（毫克·升$^{-1}$）	0.01
汞（毫克·升$^{-1}$）	0.001
硒（毫克·升$^{-1}$）	0.01
氰化物（毫克·升$^{-1}$）	0.05
氟化物（毫克·升$^{-1}$）	1.0
硝酸盐（以 N 计，毫克·升$^{-1}$）	10 地下水源限制时为 20
三氯甲烷（毫克·升$^{-1}$）	0.06
四氯化碳（毫克·升$^{-1}$）	0.002
溴酸盐（使用臭氧时，毫克·升$^{-1}$）	0.01
甲醛（使用臭氧时，毫克·升$^{-1}$）	0.9

续表 7-13

项　目	限　值
亚氯酸盐（使用二氧化氯消毒时，毫克·升$^{-1}$）	0.7
氯酸盐（使用复合二氧化氯消毒时，毫克·升$^{-1}$）	0.7
3. 感官性状和一般化学指标	
色度（铂钴色度单位）	15
浑浊度（NTU——散射浊度单位）	1 水源与净水技术条件限制时为 3
气　味	无异臭、异味
肉眼可见物	无
pH 值（pH 单位）	不小于 6.5 且不大于 8.5
铝（毫克·升$^{-1}$）	0.2
铁（毫克·升$^{-1}$）	0.3
锰（毫克·升$^{-1}$）	0.1
铜（毫克·升$^{-1}$）	1.0
锌（毫克·升$^{-1}$）	1.0
氯化物（毫克·升$^{-1}$）	250
硫酸盐（毫克·升$^{-1}$）	250
溶解性总固体（毫克·升$^{-1}$）	1000
总硬度（以 $CaCO_3$ 计，毫克·升$^{-1}$）	450
耗氧量（COD_{Mn}法，以 O_2 计，毫克·升$^{-1}$）	3 水源限制，原水耗氧量＞6 毫克·升$^{-1}$时为 5
挥发酚类（以苯酚计，毫克·升$^{-1}$）	0.002

续表 7-13

项　目	限　值
阴离子合成洗涤剂(毫克·升$^{-1}$)	0.3
4. 放射性指标	指导值
总α放射性(贝可·升$^{-1}$)	0.5
总β放射性(贝可·升$^{-1}$)	1

* MPN表示最可能数;CFU表示菌落形成单位。当水样检出总大肠菌群时,应进一步检验大肠埃希氏菌或耐热大肠菌群;水样未检出总大肠菌群,不必检验大肠埃希氏菌或耐热大肠菌群

2. 感官要求　无公害食品豆腐的感官要求应符合表7-14的规定。

表7-14　无公害食品豆腐感官要求

项　目	要　求
色　泽	白色或淡黄色
气味、滋味	具有豆腐特有的香味,无异味
组织状态	块形完整,软硬适宜,质地细腻,有弹性,表面不黏
杂　质	无肉眼可见外来杂质

3. 理化指标　无公害食品豆腐的理化指标应符合表7-15的规定。

表7-15　无公害食品豆腐理化指标　(%)

项　目	指　标	
	嫩豆腐(南豆腐)	老豆腐(北豆腐)
水　分	≤85	≤90
蛋白质	≥7.0	≥5.0

4. 卫生指标 无公害食品豆腐的卫生指标应符合表7-16的规定。

表7-16 无公害食品豆腐卫生指标

项 目	指 标	
敌敌畏(毫克·千克$^{-1}$)	≤0.1	
乐果(毫克·千克$^{-1}$)	≤0.05	
黄曲霉毒素 B_1(微克·千克$^{-1}$)	≤5	
砷(以As计)(毫克·千克$^{-1}$)	≤0.7	
汞(以Hg计)(毫克·千克$^{-1}$)	≤0.02	
铅(以Pb计)(毫克·千克$^{-1}$)	≤0.8	
镉(以Cd计)(毫克·千克$^{-1}$)	≤0.05	
铬(以Cr计)(毫克·千克$^{-1}$)	≤1.0	
菌落总数(CFU·克$^{-1}$)	≤5.0×10^4(出厂)	≤1.0×10^5(销售)
大肠菌群(MPN·100克$^{-1}$)	≤70(出厂)	≤150(销售)
致病菌	不得检出	

注:以上指标要求均以干物质计

(四) 无公害食品速冻毛豆品质质量标准

根据农业部颁布的行业标准NY5195中的规定,无公害食品速冻毛豆质量标准应着重考虑它的感官指标和卫生指标。

1. 感官要求 豆荚大小一致,无机械损伤,无锈斑,无病虫害,无腐烂,无杂质,色泽正常。解冻状态时应具有产品应有的气味,无异味。每批样品中不合格品所占百分率不应超过5%。

2. 卫生指标 无公害食品速冻毛豆卫生指标应符合表7-17的规定。

表 7-17　无公害食品速冻毛豆卫生指标

项　目	指　标
敌敌畏(毫克·千克$^{-1}$)	≤0.2
乐果(毫克·千克$^{-1}$)	≤1
乙酰甲胺磷(毫克·千克$^{-1}$)	≤0.2
多菌灵(毫克·千克$^{-1}$)	≤0.5
粉锈宁(毫克·千克$^{-1}$)	≤0.2
铅(以 Pb 计)(毫克·千克$^{-1}$)	≤0.2
镉(以 Cd 计)(毫克·千克$^{-1}$)	≤0.05
亚硝酸盐(以 NO_2^- 计)(毫克·千克$^{-1}$)	≤4

注:出口产品按贸易双方协议要求检测

(五)饲料用大豆粕品质质量标准

随着人们生活水平的提高,畜牧业生产得到迅速发展,由此,作为精饲料的大豆豆粕的销量大增。为了促进饲料业的健康发展,国家制定颁布了《饲料用大豆粕》(GB/T19541)标准。该标准规定了饲料用大豆粕的感官性状,夹杂物,技术指标,质量分级标准及卫生标准。

1. 感官性状　要求饲料用大豆粕呈浅黄褐色或浅黄色不规则的碎片或粗粉状,色泽要求一致,无发酵、霉变、结块、虫蛀及异味异臭。

2. 夹杂物　不得掺入饲料用大豆粕以外的物质,若加入抗氧化剂、防霉剂、抗结块剂等添加剂时,要具体说明加入的品种和数量。

3. 技术指标及质量分级标准　饲料用大豆粕主要依据粗蛋白质、含水量等进行分级。具体指标见表 7-18。

表 7-18　饲料用大豆粕的技术指标及质量分级

项　目	带皮大豆粕		去皮大豆粕	
	一级	二级	一级	二级
水分(%)	≤12	≤13	≤12	≤13
蛋白质(%)	≥44.0	≥42.0	≥48.0	≥46.0
纤维(%)	≤7.0		≤3.5	≤4.5
灰分(%)	≤7.0		≤7.0	
尿素酶活性(以氨态氮计)(毫克·分$^{-1}$·克$^{-1}$)	≤0.3		≤0.3	
氢氧化钾蛋白质溶解度(%)	≥70.0		≥70.0	

注:蛋白质、纤维、灰分三项指标均以88%或87%干物质为基础计算

主要参考文献

1　李春田．标准化基础．中国计量出版社，2001

2　王金海，陆钧．世界贸易组织技术性贸易壁垒(WTO/TBT)知识问答．中国标准出版社，2001

3　王金陵．大豆生态类型．中国农业出版社，1991

4　于振文．作物栽培学各论(北方本)，中国农业出版社，2003

5　董钻．大豆产量生理．中国农业出版社，2000

6　李淑贞．大豆施肥．农业出版社，1985

7　杨方人等．现代化大豆高产栽培．黑龙江科学技术出版社，1994

8　辽宁省农业广播电视学校．北方农作物高产高效生产新技术．白山出版社，2000

9　周新安，张晓娟．大豆优质高产栽培技术．中国农业科技出版社，2001

10　韩天富．大豆优质高产栽培技术指南．中国农业科技出版社，2005

11　邓建平，黄银忠．无公害大豆标准化生产．中国农业出版社，2006

12　谢甫绨，王海英，张惠君．高油大豆优质生产技术．中国农业出版社，2004

13　徐冉．大豆栽培与贮藏加工新技术．中国农业出版社，2005

小双密栽培模式下高油大豆垦农18的群体长势

小双密栽培模式下高油大豆垦农18的植株长相

大豆牙枯病造成单株绝收

责任编辑：冯　斌　封面设计：侯少民

建设新农村农产品标准化生产丛书

2003年国务院办公厅《关于进一步做好农业标准化工作的通知》指出：

农业标准化是促进农业结构调整和产业化发展的重要技术基础，是规范农业生产、保障消费安全、促进农业经济发展的有效措施，是现代化农业的重要标志。

我国著名农业专家王连铮教授寄语：

实施农产品标准化生产，是农产品质量安全的技术保证，是农民增产增收的迫切要求，是农业可持续发展的必由之路。

我相信该套丛书的出版发行，必将对农产品标准化生产技术的推广和社会主义新农村建设的健康发展发挥积极的指导作用。

ISBN 978-7-5082-4451-8

ISBN 978-7-5082-4451-8
定价：6.00元